REFLEXIONS
SUR L'UTILITÉ
DES
MATHEMATIQUES
ET SUR LA
MANIERE DE LES ETUDIER.
AVEC UN
NOUVEL ESSAI
D'ARITHMETIQUE
DEMONTRÉE.

Par J. P. DE CROUSAZ,

Professeur en Philosophie & en Mathematique à Lausanne.

A AMSTERDAM,
Chez L'HONORÉ & CHATELAIN.

MDCCXV.

A MESSIRE

JEAN PAUL BIGNON

ABBE' DE S. QUENTIN,
DOYEN DE SAINT GER-
MAIN L'AUXERROIS,
CONSEILLER ORDINAIRE
DU ROI DANS SON CON-
SEIL D'ETAT ET PRESIDENT
DES ACADEMIES ROYALES
DES SCIENCES ET DES INS-
CRIPTIONS.

ONSIEUR,

Je prevois que la liberté
que je prens de mettre un

* 2   Nom

EPITRE

Nom aussi Illustre que le Vôtre à la tête d'un Projet & d'un Essai de ce Projet sur des matieres aussi communes que le sont les premieres Regles de l'Arithmétique , va revolter contre moi les Esprits même le plus en garde contre les jugemens précipitez. Cependant, MONSIEUR, quand je me flatte que vous en jugerez plus favorablement, ce n'est pas Votre modestie & Votre bonté seules, qui me rassurent: J'ose encore compter sur Votre zéle, qui s'étend jusques aux plus petites choses dès qu'elles regardent les Sciences, & sur Votre penetration à demêler tout ce qui en peut faciliter les progrès.

L'I L

EPITRE.

L'ILLUSTRE ACADEMIE,
qui fent fi bien l'avantage
qu'elle a de travailler fous Vos
yeux , ne borne pas fes vûës
à faire admirer fes Ouvrages
à un petit nombre de Con-
noiffeurs du premier ordre;
Elle fe propofe d'éclairer tout
le monde ; & c'eft toujours
concourir à fes deffeins que
d'applanir les routes où il faut
neceffairement entrer , pour
profiter de fes leçons. Je
plains tous ceux , qui ne fe
trouvent pas en état de les
comprendre & dont les yeux
font fermés à tant de lumié-
re. J'en jouïrois moi-même
avec plus de douceur , fi cet
avantage m'étoit commun avec
un plus grand nombre de

* 3

gens:

gens : Il eſt triſte de voir que des demonſtrations ſi propres à éloigner les doutes, & à diſſiper l'obſcurité ſoient pour une infinité d'eſprits raiſonnables, des myſtéres qui les effrayent. Et ici les hommes ſont d'autant plus à plaindre que ceux d'entr'eux à qui le ſecours des Mathematiques ſeroit le plus neceſſaire, ſont préciſément ceux qui s'en rebuttent le plus aiſément. Les genies les plus médiocres y apprendroient à s'élever au deſſus de leur Sphére par la force & par l'étendue qu'ils en tireroient ; & ceux qu'une exceſſive vivacité jette à tout moment dans des écarts, s'accoutumeroient en les étudiant,

à

à moderer leur feu & à fixer leur attention. Si l'on pouvoit en occuper le premier âge, elles serviroient de contrepoids à la force de ces prejugez, qui assujetissent aux foiblesses de l'enfance tout le reste de la vie ; & les hommes élevez dans le gout de la demonstration, comme s'ils étoient nés Mathematiciens, uniquement sensibles à l'Evidence, la chercheroient par tout & n'auroient garde d'appuyer jamais que sur des preuves convainquantes. Mais pour rendre plus communes la connoissance des Mathematiques, il est tout-à-fait necessaire que les commencemens du moins en soient plus intelligibles &

* 4   plus

EPITRE.

plus courts. Vous avez trouvé, Monsieur, que ce
deſſein n'étoit pas chimerique,
& plus d'une experience m'a
confirmé dans cette penſée;
mais quand je demeurerois
fort au deſſous de mon projet, mon intention, Mon-
sieur, ne laiſſeroit pas de
m'obtenir Votre indulgence, &
Vous la regarderiez au moins
comme une preuve que l'Eſprit des Sciences que vous ai-
mez, ſe repand dans le Pays
où la Providence m'a fait naître. Quand le Roi a ho-
noré de ſa protection ceux qui
les cultivent, il étoit de ſa
Grandeur d'Ame d'étendre ſes
vûës ſur toutes les Nations &
de pourvoir au bonheur de la
poſte-

EPITRE.

posterité. Vous secondez , Monsieur , des intentions si glorieuses avec un zéle digne de Votre nom & de Votre rang. En quelque lieu du monde que les Lettres & les Sciences fleurissent Vous en êtes d'abord instruit, & l'attention que vous y donnez contribuë toujours à en augmenter les progrès. J'en ai fait, Monsieur, une heureuse experience & je ne me suis jamais trouvé tant d'ardeur, & tant de courage que depuis que Vous m'avez témoigné ne pas desapprouver tout-à-fait mes productions. J'avouerai même au Public que ce que je lui ai d'abord donné auroit été plus travaillé, si j'avois prevû en le

 com-

compofant que Vous daigne-
riez y jetter les yeux. Je fou-
mets, MONSIEUR, à vos
lumieres avec une parfaite de-
ference & mon plan & la maniere dont j'ai commencé à
l'executer. Si ce premier Ouvrage eft fuivi, comme je l'ef-
pere, de quelques autres, ce
qu'ils auront de meilleur fera
le fruit ou du foin que j'aurai
de me corriger fur Vos avis,
ou du zéle dont m'animera Votre approbation. Si je fuivois
le penchant de mon cœur, je
m'étendrois fur le cas infini
que j'en fais & fur celui que
la République des Lettres en
fait avec raifon. La crainte
même de fatiguer Votre mo-
deftie ne feroit pas capable de
l'em-

EPITRE.

l'emporter fur les mouvemens d'une admiration dont je ne fuis pas le Maître. Mais que pourrois-je dire qui fut ignoré de tout homme qui a lû? Y a-t-il quelque Savant qui ne me condamnât d'affoiblir par mes expreffions ce qu'il fent lui-même auffi bien que moi, infiniment mieux qu'on ne peut le dire? Il n'en eft aucun dans l'efprit duquel Votre Nom feul n'emporte un éloge, & à qui l'honneur d'être connu de Vous ne foit un tître de merite. Quelque divifé que foit le Monde Chrétien & le Monde Savant par de funeftes preventions, il n'y a point de diverfité de fentimens qui empêche de fe réünir à cèt égard & de Vous ren-

dre

EPITRE.

dre un juſte tribut d'eſtime &
d'admiration. Je m'apperçois
que par tout Païs chacun eſt
content de ſoi-même à proportion que vous en paroiſſez ſatisfait, & je ne penſe rien qui
me ſoit particulier quand j'ai
l'honneur de vous aſſurer du
profond reſpect & de la vene-
ration avec laquelle je ſuis,

MONSIEUR,

A Lauſanne ce
19. Avril. 1715.

Votre très-humble & très
obéïſſant Serviteur,

J. P. DE CROUSAZ.

TABLE

DES

CHAPITRES.

TABLE.

Fin de la Table.

REFLEXIONS

SUR L'UTILITE'

DES

MATHEMATIQUES

ET SUR LA

MANIERE DE LES ETUDIER.

I.
On juge differemment des Mathematiques.

IL EN EST des Mathematiques comme de tous les autres sujets : il n'y en a point sur quoi on ne pense differemment ; ce que l'un affirme, un autre le nie ; & quelque parti qu'on ait pris on se fait un merite de le soûtenir avec fermeté. Ce que l'un éleve, un autre l'abbaisse ; ce que l'un admire, un autre a de la peine à le reconnoître digne de quelque attention ; & il semble qu'une partie des hommes fait consister son honneur à contredire l'autre.

Si l'on examine de près ces demêlez, on s'appercevra aisément que de part & d'autre l'on outre ; qu'il arrive rarement aux hommes de se tromper tout-à-fait ; que pour l'ordinaire chacun voit une partie de la Verité,

A

rité, & qu'il n'y auroit plus de difpute fi l'on n'alloit point au delà, & fi à ce que l'on voit on n'ajouroit pas ce qu'on fuppofe & ce qu'on imagine. On cefferoit de fe méprendre fi on ceffoit d'exagerer; l'exageration eft un principe d'erreur contre lequel il faut être en garde dans le jugement qu'on porte fur l'utilité des Mathematiques.

II.
On compte pour rien ce qu'en difent ceux qui les ignorent.

COMME il n'y auroit pas moins de föibleffe à s'inquieter du peu de cas que font de ces Sciences ceux qui ne les connoiffent point, qu'à s'applaudir de leurs éloges, un homme fage doit regarder avec une égale indifference & leur eftime & leur mepris.

III.
Quelques-uns de ceux qui les ont étudiées ne paroiffent pas les eftimer beaucoup.

MAIS s'il fe trouve des gens qui femblent n'avoir étudié les Mathematiques que pour acquerir le droit de les abbaiffer, & de combattre la haute eftime que les autres en ont, fe permettroit-on de les rejetter fans les entendre; & n'eft-il pas jufte d'examiner fans prevention ce qu'ils oppofent?

IV.
Eloge.

JE SUIS perfuadé que la vie humaine doit au fecours des Mathematiques une partie de fes ornemens, & je les conçois très-propres à donner à l'efprit humain de la penetration, de la folidité & de la jufteffe. Elles ont contribué & elles contribuent encore tous les jours à la perfection des Arts; & peut-être que fi l'on s'y prenoit bien elles contribueroient encore avec plus d'efficace à la perfection de l'efprit qu'à celle des Arts, en portant plus loin qu'aucun autre fecours celui de bien raifonner; de forte que toutes les Sciences y gagneroient autant que les Arts. Je leur donne de bon cœur ces éloges;

ges ; mais je dirai auffi dans la même fince-
rité, que je me ferois un plaifir de leur en
donner de plus grands encore fi je le pouvois fans m'écarter de l'exacte verité.

JE SUIS frappé de deux grandes Ob-
jections qui m'ont engagé à pefer tous les
termes dont je viens de me fervir, dans la
crainte de louër avec exaggeration.

Premierement on met en parallele le Hazard avec ces Sciences, & dans ce parralle-
le il femble qu'elles ayent du deffous. Le
Hazard a fait trouver dans la direction de
l'Aiman un fecours plus fûr pour les Lati-
tudes que tout ce que la Raifon avoit in-
venté depuis plufieurs fiecles & le Hazard
encore a fait rencontrer dans l'arrangement
de deux morceaux de glace une aide à la
vûë que les Mathematiciens ne s'avifoient
pas feulement de chercher, & en général
fi l'on fe donne le foin de parcourir tout ce
fur quoi les Mathematiciens ont travaillé,
on trouvera que les plus grandes découvertes qui fe lifent dans leurs Ouvrages, fe
font faites en tâtonnant, & que l'on doit
beaucoup plus à l'experience qu'à leurs raifonnemens.

Il n'y a que trop de verité dans cette Objection. Il eft fâcheux, il eft même honteux
pour l'homme que l'on doive tant à l'Experience, & encore à des experiences auxquelles le Hazard a plus de part que la lumiere. Il feroit à fouhaitter que notre Raifon fût plus éclairée & plus feconde ; & que
nous lui euffions la premiere & la principa-
le obligation de tout ce que nos Sens nous
ont appris fans elle.

A 2   MAIS

VI.
Réponse. MAIS de ce que la Raison ne vient pas à bout de tout, feroit-on affez peu raifonnable pour en conclurre qu'elle ne fert à rien & pour lui contefter fes veritables utilitez? Quand il feroit vrai que toutes nos connoiffances tireroient leur origine de nos Sens, il ne feroit pas moins vrai qu'elles s'élevent au deffus de leur premiere origine, par le fecours d'une Faculté fort au deffus des Sens. Que l'on parcoure encore tous les Arts depuis les plus mechaniques jufques aux plus nobles, & l'on reconnoîtra que le Hazard & les Sens n'ont découvert quoi que ce foit, que la Raifon ne l'ait porté plus loin, & ne fe le foit rendu comme propre en l'embelliffant. Je n'écris ce Difcours, ni pour ceux qui font entierement ignorans, ni pour ceux qui font tout-à-fait obftinés. Voila pourquoi je n'entre pas dans un plus long détail de preuves. Quiconque a lû, & a reflechi en lifant, n'a qu'à faire ufage de fa memoire pour fe convaincre de ce que je pofe en fait. En vain on auroit remarqué dans l'Aiman une direction de fon axe vers le Nord; on n'en auroit tiré aucun fecours, ni pour la Navigation, ni pour la Gnomonique, fi les Mathematiciens n'avoient pas fû corriger l'erreur de fa declinaifon, & conftruire la Bouffole. Et l'occafion que le Hazard a heureufement fourni fur le fujet des Lunettes eft un rien, en comparaifon de ce que le Raifonnement, & la main des Ouvriers, conduite par le Raifonnement, y a ajouté dans la fuite. Fixer les temps periodiques des Satellites de Jupiter; marquer les momens

&

& la durée de leurs Eclipſes & en tirer des conſéquences pour déterminer au juſte les Longitudes, tout cela n'eſt point un jeu du Hazard, c'eſt l'effet d'une Raiſon éclairée & d'une application infatigable.

On pourroit remplir pluſieurs pages de ce que les Mathematiques ont fourni à la Peinture, à l'Architecture, à la conſtruction des Vaiſſeaux en particulier, auſſi bien qu'à leur direction, à la Muſique, à l'Horlogerie, & en general à tout ce qui eſt du reſſort de la Mechanique.

J'avoüe que l'on auroit beaucoup plus d'obligation aux Mathematiciens s'ils avoient découvert par la ſeule force de leur genie & tout ce que l'on a trouvé en cherchant comme à tâtons, & tout ce qui s'eſt heureuſement offert. Mais il faut auſſi qu'on m'avoüe qu'on leur en a de très-grandes d'avoir porté ſi loin & perfectionné avec tant de ſuccès tout ce qu'ils ont trouvé & tout ce qu'on leur a fourni.

Mais quand tout cela ne ſeroit pas, quand tout ce que l'on a trouvé juſques ici ſe ſeroit trouvé en tâtonnant, toûjours faudroit-il ouvrir les yeux de l'eſprit pour le pouvoir comprendre. Il faudroit poſer des principes & tirer des conſequences pour en decouvrir les raiſons. Or c'eſt joüir en homme de ce que les objets exterieurs nous preſentent d'agreable & d'utile que de joindre au plaiſir paſſager que nos Sens en reçoivent la ſolide ſatisfaction d'en developper la nature, & d'en comprendre les cauſes.

L'utilité des Mathematiques s'etend ſur

les autres Sciences. Toute la Phyſique en dépend ; car l'Univers eſt une immenſe Machine qui en renferme une infinité de grandes & de petites, formées par le Souverain Auteur dont la ſageſſe a tout réglé avec poids & meſure. Par le ſecours des Mathematiques il n'y a rien de ſi éloigné qu'on n'atteigne, il n'y a rien de ſi grand qu'on ne meſure & rien de ſi petit dont on ne ſe ſaiſiſſe. Le cours des Aſtres peut paroître irregulier aux demi-ſavans, ſoit dans la courbure de leur route, ſoit dans la durée de leurs periodes ; mais des yeux plus éclairés y découvrent des regularités d'autant plus merveilleuſes qu'elles ſont plus compoſées, & à la portée ſeulement de ceux qui en ſont dignes. La connoiſſance de l'Hiſtoire eſt évidemment liée à la connoiſſance des temps ; mais l'ignorance des hommes, la diverſité des Eres, & la negligence des Copiſtes a repandu ſur ce calcul des embarras qu'il n'appartient qu'aux Mathematiciens du premier ordre de démêler.

VII.
Seconde Objection. MAIS quand on aura prouvé que les Mathematiciens contribuent tous les jours à la perfection des Arts, & que l'Hiſtoire, la Phyſique, la Medecine même en tirent de grands ſecours & ne s'en peuvent paſſer, ſera-t-on fondé à ajoûter que la Raiſon elle-même ſe perfectionne dans cette étude & qu'elle y acquiert de l'étendue & de la pénétration ? L'Experience ne renverſe-t-elle pas cette ſuperbe pretention ? Tirez une partie des Mathematiciens de leurs Nombres & de leurs Figures, leur embarras vous ſurprendra, & vous fera conclurre que cette Etude,

Etude, loin de donner de l'étenduë à leur Esprit, le borne au contraire & le renferme dans un petit cercle d'objets, au delà desquels il ne voit goutte. Quoiqu'ils excellent dans cet Art, dès qu'on les interrogera sur d'autres matieres, ils se tairont, s'ils se connoissent, ou ils découvriront également leur ignorance & leur temerité, s'ils se hazardent de parler. N'a-t-on pas compté des Mathematiciens célèbres au nombre des prétendus Esprits forts? Faut-il d'autres preuves de leur aveuglement? Doit-on compter pour un secours ce qui asservit l'Entendement à l'Imagination, & met hors d'état de tirer des premiers principes les conséquences les plus simples & les plus importantes? Les Mathematiciens sont-ils plus d'accord que les autres hommes en matiere de Religion? Quoi donc? le sujet dont il s'agit ne leur paroît-il pas assez important pour y donner leur application? Mais a-t-on l'Esprit juste quand on ne sent pas la necessité d'étudier le sujet du monde sur lequel il est le plus important de s'éclaircir? S'ils reconnoissent l'importance de cet Examen, sans oser l'entreprendre, ou sans le savoir faire avec succès, faut-il d'autre preuve de l'impuissance de leur Art à perfectionner la Raison, que le peu de lumiere & de force qu'elle en tire dans son plus grand besoin? A-t-on l'Esprit juste, quand on neglige l'Etude de la Religion? A-t-on l'Esprit juste quand on s'y méprend? Ces reproches ont de la force; mais voyons si elle va jusqu'à depouiller tout-à-fait les Mathematiques de ce qu'on leur attribuë de plus esti-

A 4

mable,

mable, ou si elles le resserrent simplement dans des bornes plus étroites.

VIII.
Réponse. Si l'on supposoit dans les Mathematiques une vertu extraordinaire qui élevât l'Esprit, reformât le cœur, en un mot fut capable de refondre l'homme, & de rectifier toutes ses Facultés, l'objection seroit sans replique, l'experience ne verifieroit point cette prétention. Mais qui a jamais pensé à étendre si loin le pouvoir de cette Science ? Voici à quoi se reduisent les secours qu'on en peut raisonnablement esperer, par rapport à la justesse de notre Esprit & à l'élevation de ses Facultés. La puissance des *Habitudes* est connue de tout le monde. Un homme donc qui se sera affermi dans celle d'aller de certitude en certitude sur quelque sujet, pourra plus aisément suivre cette Methode lors même qu'il travaillera sur un sujet tout different. Quand un homme, par une longue application sur des sujets de Demonstrations indubitables, s'est renduë si familiere cette évidence qui contraint & qui force, qu'il la reconnoit d'abord, & la distingue incontinent de la simple vrai-semblance, sur laquelle il peut rester des doutes, il n'a, pour se garantir d'erreur, qu'à suivre ce bon goût sur lequel il s'est formé, il n'a qu'à chercher toûjours cette évidence dont le sentiment lui est familier, & ne se rendre qu'autant qu'il en est frappé.

D'où vient donc que cela n'arrive pas? Si les Mathematiques donnoient aux hommes le goût sûr de la Verité, si elles faisoient naître en eux l'heureuse habitude de se garantir

rantir d'erreur, se tromperoient-ils, comme les autres hommes, dès qu'ils sortiroient de leur Sphere, & qu'ils raisonneroient sur des sujets differens de leurs Nombres & de leurs Figures?

Cette Objection a un grand défaut, elle est extremement vague, & sans contredit on embarrasseroit bien ceux qui la proposent, si on leur demandoit des preuves précises de ce qu'ils posent en fait; car il ne suffiroit point d'alleguer un Mathematicien qui erre, il faudroit faire voir que, si l'on excepte son objet propre, ses études ne servent pas plus à le garantir d'erreur sur d'autres sujets, que s'il n'avoit jamais étudié. Il faudroit faire voir qu'un autre homme né avec le même naturel, mais sans y avoir ajouté aucune culture, ne se méprendroit pas plus souvent & ne se trouveroit jamais plus embarrassé; & alors je tomberois d'accord que l'Esprit humain ne tire aucun secours de cette étude. Tout argument qui prouve trop, ne prouve rien; en raisonnant sur le pié de l'Objection, on conclurra qu'il n'y a aucune étude qui contribue à fortifier la Raison, puisque jusques ici l'on n'a vû ni Logicien, ni Théologien, ni Critique, ni Jurisconsulte infaillible. Une maniere d'étudier, aussi bien qu'un genre de vie, ne laisse pas d'avoir ses usages quand même ces usages sont bornés, & il y a de la difference entre corriger & rendre parfait.

Il est donc manifeste que ceux qui pressent cette Objection ont tort. Profitons-en néanmoins; souvent les accusations les plus outrées ne laissent pas d'avoir quelque

fon-

fondement & elles contribuent à nous éclairer par là même qu'elles nous obligent de féparer avec plus d'exactitude le vrai d'avec le faux. Les Mathematiques ont feules l'avantage de compofer un Syftême de verités fans mêlange d'erreurs. Examinons ce point fans aucune préoccupation & tâchons de découvrir fi cette prerogative finguliere n'eft point duë fur tout à la nature même des matieres qu'on y traite, ou fi elle eft principalement l'effet de la methode qu'on y fuit & du tour d'efprit qu'on prend en les étudiant.

IX.
Quatre Sources principales de nos erreurs.

Nos erreurs ont quatre grandes fources qui n'influent du tout point, ou n'influent prefque jamais dans les Mathematiques. Ces quatre fources d'erreur font les *Préjugés*, les *Paffions*, l'embarras des *expreffions* dont on eft obligé de fe fervir, & l'exceffive *compofition* des objets fur lesquels on prononce.

X.
Les Prejuges.

On nous berce dès l'enfance de mille fauffes maximes & nous faifons nous-mêmes dans cet âge mille jugemens precipités, qui à force d'être reïterés nous deviennent comme toûjours prefens, s'emparent de notre Efprit, & dès là portent fur tous nos raifonnemens. Si châque propofition avoit befoin d'être prouvée par une feconde, celle-ci par une troifiéme, la troifiéme par une quatriéme, & ainfi confecutivement, jamais on ne pourroit fe convaincre de quoi que ce foit, & mille vies s'écouleroient avant qu'on fe fût affûré d'une feule découverte. Il y a donc des principes qui n'ont befoin d'aucune preuve, & dont la verité fe fait fentir immédiatement par une évidence in-

incompatible avec le doute. Ces principes font très-fimples & très clairs; & comme leur extrême fimplicité & leur parfaite netteté les rend faciles à entendre & faciles à retenir, ils nous deviennent d'abord très-familiers. Mais ce caractere qui les accompagne toûjours, ne leur appartient pas en propre, il leur eft commun avec un grand nombre de faux principes que des actes reïterés nous rendent auffi prefens & auffi familiers que les notions les plus fimples & les plus certaines; & ce Caractére commun eft une des caufes principales qui nous fait confondre les principes du Bon Sens avec des principes fans évidence & fans preuve. On a de ces *preventions* fur Dieu, & fur l'Ame, fur la Vertu, & fur le Vice, fur le Bien, & fur l'Honneur, fur la nature des Corps, & fur leurs Qualitez, en un mot fur tout ce qui, dès l'enfance, tombe fous nos fens, ou fait la matiere des converfations. Dès qu'il s'agit de raifonner fur des chofes de cette nature l'on s'abandonne aux fauffes maximes dont on eft imbu depuis long-temps, mais qu'on n'a jamais examinées d'un efprit affez libre & affez attentif.

HEUREUSEMENT pour les Mathematiques l'influence des prejugés ne s'étend point fur les matieres qu'on y traite, car elles ne font pas les objets de nos tentations, & les Enfans ne fe hazardent jamais à en decider; puis qu'ils n'y penfent jamais; elles ne font point la matiere des converfations ordinaires, & fur ces fujets-là l'autorité de ceux qui prennent foin de notre é-du-

XI.
N'ont pas pes d'influence dans les Mathematiques.

ducation ne nous entraine jamais dans aucune meprife.

XII.
Non plus que les Paßions.

PAR ces mêmes raifons les Paßions ne contribuent pas à aveugler les hommes fur les Mathematiques. Les objets de cette Science n'excitent point des fenfations vives, & les hommes ne prennent pas un affez grand intérêt à des Triangles, & à des Ellipfes poer fe paßionner en leur faveur jufques à l'aveuglement, leurs converfations ne s'échauffent point là-deffus. Il n'en eft pas de même de la Morale & de la Religion; on y fubftitue ce qui *plait* à ce qui *éclaire*, & l'on accorde à ce qui favorife les *Paßions* dont on eft poffedé, un *acquiefcement* qui n'eft dû qu'à *l'Evidence*; d'un autre côté, l'on rejette tout ce qui gêne ces Paßions, fans daigner l'examiner ou fans l'examiner que très-legerement. La voix tumultueufe de ces Confeillers qui nous dominent impofe filence à la tranquille Raifon, & quand elle parle au milieu de ce tumulte, elle parle le plus fouvent en vain, on ne l'écoute pas & on neglige fes avertiffemens.

XIII.
Ni l'embarras des expreffions.

LES hommes aveuglés par leurs prejugés, agités & troublés par leurs paffions, & ne penfant aux chofes qu'à la hâte, ne les peuvent connoître que très-imparfaitement, & le plus fouvent fe les figurent tout autres qu'elles ne font: Ils parlent enfuite comme ils penfent, ils impofent des noms à ce qu'ils ne connoiffent pas comme à ce qu'ils connoiffent; un peu de reffemblance leur fuffit pour confondre fous un même mot des chofes d'ailleurs très-differentes; ils en affem-

affemblent même d'incompatibles, & ils s'imaginent de les concevoir parce qu'ils en parlent.

Cet inconvenient n'a pas lieu dans les Mathematiques. Comme les chofes qu'on traite ne fe font pas préfentées d'elles-mêmes aux Sens; mais que l'Efprit les a fait naître, les Mathematiciens ont penfé avant que de parler, & fe font formés d'exactes idées avant que d'impofer des Noms. La neceffité où ils fe font vûs d'aller pié à pié, dans les routes nouvelles, & par là difficiles à ouvrir & à fuivre, & la crainte de fe meprendre dans des matieres qui tiroient prefque tout leur prix & tout leur agrément de leur évidence & de leur feule verité, les a obligés de donner à chaque chofe fon nom bien clair & bien déterminé. Ainfi les termes vagues n'ont donné lieu à aucune équivoque, & on n'a pas eu occafion tantôt de refferrer l'étenduë d'un terme, afin de faire paffer une propofition à la faveur de fon idée ainfi corrigée, tantôt de lui donner dans la conclufion une étenduë qu'il n'avoit pas dans les premiffes.

En Phyfique, en Morale &c. les fujets fur lefquels on raifonne font extrémement compofés. Quelle diverfité de principes n'entre-t-il pas dans la compofition de chaque corps? On n'apperçoit prefque aucun Phenomene qui ne refulte d'un Syftême entier de caufes. Combien de chofes n'y a-t-il pas à confulter dans chacune de ces actions qui font le fujet d'une vertu ou d'un vice? La nature de nos facultés, l'importance des motifs, le merite des objets, la qualité des cir-

circonſtances. Combien de choſes à peſer, & à meſurer pour ſe conduire avec poids & meſure ?

XIV.
Ni la compoſition des objets.

Tous ces objets ſi multiples & ſi compoſés ne ſe preſentent jamais à nous que dans leur aſſemblage, & nous nous ſommes tellement accoutumés à ne les regarder qu'en gros, que ce n'eſt pas une legere entrepriſe de les démêler pour les recompoſer enſuite. La connoiſſance d'une partie ſe trouve ſouvent ſi liée avec la connoiſſance de l'autre, qu'on ne ſait par où commencer, ni de quelle maniere s'y prendre, pour ſe former une exacte idée de chaque partie, avant que de paſſer à la vûe entiere du tout qu'elles compoſent. Il n'en eſt pas de même des Mathematiques ; l'Eſprit dont elles ſont la production n'a enfanté que demonſtration après demonſtration, objet après objet ; ce n'eſt qu'après s'être formé une idée très-nette des parties qu'on s'eſt aviſé de les comparer, pour en former, par leur aſſemblage, un nouveau Tout, auquel on donneroit un nouveau nom. Le chemin ſe trouvant déja difficile par lui-même, l'embrouillement l'auroit rendu impraticable. Ainſi la compoſition des objets n'a point embarraſſé les Mathematiciens, parce qu'ils les ont compoſés eux-mêmes, & parce qu'ils les ont compoſés peu à peu.

XV.
Veritable cauſe de la certitude qui regne dans les Mathematiques.

Il ne faut donc pas s'étonner ſi l'Eſprit humain, quoi que ſi ſujet à ſe méprendre, eſt venu à bout de former un Syſtême de verités ſans mélange d'incertitudes. C'eſt un Syſtême qui roule ſur des ſujets d'une nature à ne donner pas de lieu à l'illuſion,

ni

ni de prife à l'erreur, voila pourquoi il me
paroît bien plus raifonnable de feliciter les
Mathematiciens de ce qu'ils ont travaillé
fur de tels fujets, que de partager la gloire
de leur fuccès entre l'excellence de leur
methode & celle de leur genie d'un ordre
fuperieur aux autres, car enfin par tout où
l'objet de leurs études a été fufceptible des
caufes qui font tomber dans l'erreur, les
Mathematiciens fe font trouvés des hommes comme les autres.

Sı l'on y penfe fans prejugé, on n'aura
pas de peine à reconnoître que la célèbre
Definition du Point par laquelle le grand
Euclide commence fes *Elemens*, tient elle-
même un peu du prejugé. Un petit objet, qui
ne fauroit decroître fans échapper à la vûë,
eft regardé comme le dernier terme du Corps,
dans la prévention que les Sens font la mefure de la realité des chofes. Ce qui ne fe
voit plus n'eft point, & la derniere partie
vifible n'en renferme plus d'invifibles, beaucoup moins d'inimaginables; c'eft ce que le
prejugé dicte. Heureufement ce que cette
definition trop problematique pour en faire
le commencement d'un Syftême de pures
certitudes, renferme d'erreur, s'eft trouvé
fans influence fur le refte. On en a fait la
definition d'une idée abftraite. Le but de
la Geometrie eft le mefurage; tout mefurage fe borne à de certaines mefures détermi-
nées & l'on appelle un *Point*, le terme au
delà duquel on ne daigne plus defcendre,
& aux parties duquel on ne fait non plus
d'attention que s'il n'en renfermoit aucune.

Il y a bien de l'apparence que ce grand
homme

XVI.
Quelques
cas où les
Mathema-
ticiens
font tom-
bés dans
l'erreur,
par un ef-
fet des
prejugés.

homme fuit encore le même prejugé, lors
qu'il pofe qu'un *Cercle* & une *ligne droite* ne
fe peuvent *toucher* qu'en un *feul point*, &
il y en a même qui abufent de ce Theorême
pour en conclure l'exiftence des Atomes:
Mais fi elle fe trouve établie par là, les
Mathematiques renferment des contradictions, puifque l'impoffibilité de ces Atomes fe demontre évidemment par d'autres
preuves que ces mêmes Sciences nous fourniffent.

Ce dernier terme auquel il nous plaît de
nous arrêter, & au delà duquel nous trou-
vons fuperflu d'aller, c'eft précifément l'é-
tenduë dans laquelle le Cercle & la Ligne
droite fe touchent. Car puifqu'un Cercle
peut toucher une ligne droite, il faut ou
qu'il y ait des points effectivement indivifi-
bles, ou qu'il n'y ait aucune furface ni aucune partie de furface exactement plate, ou
enfin que les courbures foient compofées de
petits plans.

XVII.
Par les
paffions.

Les Paffions ont joüé chez les Mathematiciens leur rolle ordinaire auffi bien que les
Prejugés, toutes les fois qu'elles ont eu occafion de naître. La gloire que l'on atta-
che à la découverte de la Quadrature du
Cercle, ou du Mouvement Perpetuel, a
produit de longues Theories qui renfer-
moient des Paralogifmes dont leurs Auteurs
ne vouloient point convenir. Le point
d'honneur a élevé des conteftations fur des
Problêmes fublimes & d'une longue & fub-
tile difcuffion: & en matiere de Mathematiques, comme en d'autres, les nouvelles
découvertes ont effuyé de vives & d'obfti-
nées

nées contradictions, de ceux là-même de qui on ne devoit pas les attendre. Il s'est trouvé de savans Mathematiciens qui ne pouvoient se resoudre à convenir qu'une Methode ignorée des Anciens fût quelque chose de plus qu'éblouïssante, & ne renfermât que des verités.

DE`S que les Mathematiciens se sont tant soit peu relâchés de leur exactitude à definir précisément, & à bien déterminer le sens de chaque terme, *l'Equivoque* a donné lieu à des disputes de mots. La dispute sur *l'Angle de Contingence* & la question autrefois agitée avec tant de chaleur si *l'Unité* est un *nombre* ou la *racine* des nombres, fournissent des exemples de Logomachie, où il est presque incroyable qu'il arrive de tomber quand on n'a pas renoncé au sens commun.

L'ALGEBRE a été mise au jour dans un siecle où la mode des termes barbares regnoit. Ses excellens Auteurs nourris dans le jargon de l'Ecôle ne s'apperçurent pas qu'ils augmentoient les difficultés de leurs admirables découvertes, par des noms trop recherchés. On a trouvé à propos de s'en passer dans la suite. Mais cette correction n'a pas empêché que cette divine Science ne se sente encore de l'obscurité qui dominoit chez les Savans dans les temps de sa naissance, & du peu d'exactitude qu'on observoit à définir.

Les termes de *Plus* & de *Moins* sont tout-à-fait équivoques. Naturellement ils expriment *Addition* & *Retranchement*. Mais dans l'usage Algebrique ils marquent souvent

XVIII.
Par l'Equivoque des termes.

XIX.
Ils n'ont pas toûjours exprimé la verité avec assez de netteté.

B

quelque

quelque chofe de plus, ils emportent des marches oppofées, des routes contraires, & c'eft pour n'avoir pas affez déterminé ces notions par des termes fans ambiguité, que l'on ne demontre qu'avec beaucoup d'embrouillement, une des premieres Regles, favoir que *Moins multiplié par Moins produit Plus*; car de la maniere dont plufieurs l'établiffent, elle a plus l'air d'une fuppofition que d'une demonftration, & la preuve du Pere *Lami* évidente pour les Grandeurs *Complexes* ceffe d'éclairer, lors que le multiplié & le multipliant *Moins* font chacun une grandeur *Negative Incomplexe*.

Quand je multiplie $+$ 3 par $+$ 2. je fais cette regle de proportion : 1. $+$ 2 :: $+$ 3. à un quatriéme terme, & ce quatriéme terme eft 6, car comme j'ai réïteré une fois le premier terme, ou la premiere mefure 1 pour avoir le fecond terme ou la feconde mefure 2, j'ai auffi réïteré une fois le troifiéme terme ou la troifiéme mefure 3; & 3 reïteré une fois égale 6.

Quand je multiplie $—$ 3 par $+$ 2 je fais encore cette regle de proportion : 1. $+$ 2 :: $—$ 3, à un quatrieme, & pour avoir ce quatriéme, je raifonne ainfi. Comme pour avoir le fecond terme 2, j'ai réïteré une fois le premier 1 ; De même pour avoir le quatriéme, il faut que je réïtere une fois le troifiéme $—$ 3 ; Or fi on reïtere une fois $—$ 3, on aura $—$ 6.

Je puis m'éloigner du zero, ou du point qui eft le terme depuis lequel on commence à mefurer, à la droite & à la gauche. L'éloignement qui va à la droite je le marque

par

par le signe $+$ & l'éloignement qui est à la gauche par le signe $-$. Quand je vais de o à $+$ 1, je fais un pas à la droite d'une mesure; quand j'avance jusqu'à $+$ 2 je reïtere ce premier pas en allant toûjours du même côté; quand au contraire je vais de o à $-$ 3 je fais du côté de la gauche un pas de trois mesures. Comme donc en allant de 1, à 2, j'ai doublé la premiere mesure sans changer de route, il faut aussi pour observer la proportion que je double la mesure $-$ 3 sans changer de terme, & par conséquent que j'arrive à $-$ 6. & j'aurai 1. $+$ 2 :: $-$ 3 $-$ 6. Quand je multiplie $-$ 3 par $-$ 2. je fais encore cette regle de proportion 1. $-$ 2 :: $-$ 3 à un quatriéme, & le quatriéme je le cherche ainsi. Pour aller de o au premier terme 1, je me suis avancé à la droite de toute l'étenduë de cette premiere mesure; mais pour venir de 1 à $-$ 2, il faut que je rebrousse à la gauche & que je fasse faire trois pas à cette premiere mesure, ou que je la reïtere trois fois du côté de la gauche. Le premier pas me ramene à o, le second, semblable au premier, me conduit à $-$ 1, & le troisiéme, d'une égale étenduë, me fait arriver à $-$ 2. Faisons maintenant la même chose dans la seconde comparaison. Pour aller de o à $-$ 3, je me suis éloigné, du côté de la gauche, une fois de toute la mesure 3. Il faut maintenant la faire rebrousser trois fois, la premiere la ramene à o, la seconde à $+$ 3 & la troisiéme à $+$ 6, ce qui me donne cette proportion 1. $-$ 2 :: $-$ 3. $+$ 6.

Les noms de *Surfolide*, de *Quarré Cube*, de

Racine Cubo-Cubique font les noms de certains produits, & de certains Quotiens. Ces
noms tirés des Corps & empruntés de la
Quantité Continue à laquelle ils ne convien-
nent pas, car elle ne contient rien au delà
du Solide, on les applique à de certains états
& de certaines propriétés de la *Quantité Dif-
crete*. Mais ces états & ces propriétés, on
pourroit les exprimer par d'autres termes
qui ne donneroient lieu à aucune Equivoque, ni à aucune fauffe idée; au lieu qu'en
fuivant les premieres impreffions de ces
noms, vous diriez que les Mathematiciens
cherchent à fe perdre dans des Efpaces chi-
meriques, en pouffant leurs Theories à des
Surfolides & à des *Quarrés·Cubes* &c. qui
n'exifterent jamais. Sous prétexte que la
formation des nombres & celle des dimenfions vont du même pas jufques à un certain point, il femble qu'on veut forcer nature, & imaginer auffi fans fin des interval-
les & des dimenfions corporelles, pour ac-
compagner toûjours les produits des nombres qui ne finiffent point.

Il y a encore bien de l'équivoque dans les
Incommenfurables. Dire que $\sqrt{2}$, laquelle
n'exiftera jamais, multipliant $\sqrt{18}$, qu'il eft
de même impoffible de trouver, donne exactement le produit 6, c'eft fans contredit
un des plus furprenans Paradoxes que l'on
ait jamais avancé; s'il renferme du Vrai, il
renferme du Faux. Faire une production
réelle & précife par la multiplication de
deux Racines Impoffibles, c'eft abfolument
parlant, une prétention des plus chimeri-
ques. Mais fi l'on examine de près la de-
mon-

monſtration de ce Problême & qu'on la ſui-
ve exactement depuis ſes premiers principes,
l'on reconnoitra qu'elle ſe reduit à cette
propoſition *hypothetique* : Si 2 & 18 étoient
de *vrais Quarrés* & qu'il fût poſſible d'en découvrir les *Racines*, le *produit* de leurs deux
racines ſeroit 6. Autant donc qu'en allant
d'approximation en approximation on s'é-
loignera moins de deux nombres qui, multipliés chacun par lui-même, produiſent
l'un 2 & l'autre 18, autant le produit de
ces deux racines ſera moins éloigné de 6;
Par conſequent lors qu'après des cent mille millions d'operations reïterées on ſeroit
parvenu à des racines dont l'éloignement
des veritables s'évanouïroit, aux yeux de
l'Eſprit même, tant cet éloignement ſeroit
petit; ces racines qui, multipliées par elles-
mêmes, feroient des produits ſi approchans
de 2 & de 18, que la difference, qu'il y
auroit entr'eux & 2 & 18, ſeroit impercepti-
ble; alors, dis-je, comme après cette approximation pouſſée preſque à l'infini, 2 &
18 approcheroient comme infiniment d'ê-
tre vrais Quarrés, leurs racines auſſi approcheroient, peu s'en faut, d'avoir les proprietés des vrayes racines; & autant qu'elles
approcheroient d'être vrayes racines, autant
auſſi leur produit approcheroit d'égaler préciſement 6. On ſuppoſe faite cette approximation où l'erreur devient d'une petiteſſe
tout-à-fait à negliger, & de là on conclud
que ces racines, ainſi approchées, forme-
roient par leur multiplication un produit que
l'on pourroit, ſans crainte d'erreur percep-
tible, *appeller* 6.

B 3

Mais

Mais on ne fauroit nier, dira-t-on, que 18 n'ait une racine *réelle*, quoique *fourde* & inexprimable en nombres, car fi on divife en 6 parties égales.l'hypotenufe d'un Triangle Ifofcele, on aura le quarré d'un de fes côtés qui vaudra 18, & ce côté fera la racine réelle de 18. Voilà juftement une de ces obfcurités, dont je me plains. Elle ne jette pas dans l'erreur fur le fujet dont il s'agit, mais l'efprit qui s'y accoûtume fur ce fujet-là, (fans avoir lieu de s'en repentir, parce que les conféquences qu'il en tire ne le jettent pas dans des fautes, dont il ait befoin de fe relever) fe forme peu à peu à une mauvaife habitude. Il fe familiarife avec l'obfcurité, il s'accoutume à n'en être pas mécontent; mais quand, fur d'autres fujets, il la fuivra, il tombera dans diverfes erreurs fans s'en appercevoir.

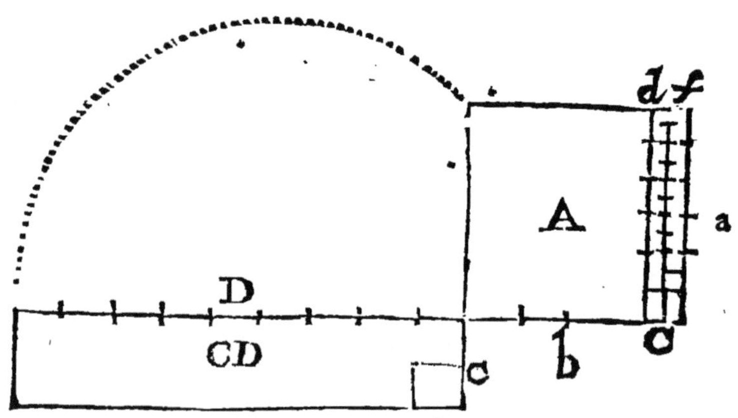

Quand je dis, le côté *a* eft la racine du quarré *A* $= 18$; cette proportion eft équivoque. Si par là on entend fimplement que *a*

eft

est la racine d'un quarré *A*, qui a autant de surface que le rectangle *C D* composé de 18 plans quarrés, on ne dira rien qui ne soit clair, aussi bien qu'exactement vrai, & c'est en ce sens qu'on parle intelligiblement, quand on dit que $\sqrt{ab}$ est moyenne proportionnelle entre *a* & *b*, c'est-à-dire qu'on donne le nom de $\sqrt{ab}$, au côté d'un quarré qui égale, en étenduë de surface, le Rectangle *ab*.

Mais si on prétend que le côté *a*, multiplié par lui-même, forme un quarré 18, ou que le côté *a*, coulant perpendiculairement le long de son égal, forme le quarré *A*, composé de 18 petits quarrés égaux à ceux qui composent le Rectangle *C D*, ce qu'on pose est faux & inintelligible.

Quand on designe l'étenduë d'un Quarré par un certain nombre de Quarrés égaux qu'il renferme, & qu'on regarde cette quantité de Quarrés égaux comme un produit, les deux côtés du Quarré ne sont pas, à parler exactement, les deux racines de ce produit; une des racines, c'est un Rectangle contenant autant de petits Quarrés que sa hauteur contient de portions égales à sa baze, l'autre racine c'est le nombre des bazes qu'on donnera successivement à un tel Rectangle partial, dans l'étenduë du Rectangle total ou du Quarré. C'est ce Rectangle partial qui, en se portant successivement sur plusieurs bazes égales chacune à la sienne, forme le grand Rectangle, & le remplit de ce nombre de Quarrés, dont on se sert pour l'exprimer & pour en déterminer la surface.

Si je divise le côté *a* en 6 parties, le

Quar-

Quarré *A* se trouvera composé de 36 petits Quarrés, dont chacun sera la moitié d'un des Quarrés du Rectangle *CD* : & alors la surface *A* sera exprimée par un nombre Quarré, savoir par le nombre 36, & chaque unité de ce nombre exprimera une surface Quarrée. Mais les deux racines de cette somme de Quarrés seront, l'une le Rectangle *cd*, contenant six petits Quarrés, l'autre la baze *b* contenant six fois la baze du Rectangle *cd*.

Mais parce que le Rectangle *cd* contient autant de Quarrés que le côté *a* contient dans sa longueur de parties égales à celles de la baze, on exprime la longueur du côté *a*, par le même nombre qui détermine la surface du Rectangle *cd*. De là est née une équivoque, on a consideré le côté *a* comme racine du Quarré 36, & on ne s'est pas avisé de corriger ce que cette équivoque laisse d'obscurité dans les idées ; or c'est l'habitude perpetuelle de l'évidence qui garantit de l'erreur, & c'est cette habitude d'évidence sans tenebres, qu'il seroit utile de prendre dans les Mathematiques. On l'acquiert en les étudiant, je l'avoüe, mais non pas dans le degré qu'il seroit à souhaiter.

J'avoüe que le côté *a*, coulant le long de *b*, rempliroit le Quarré *A* d'un nombre de points égal au produit des points de *a* par le nombre des points de *b* ; & alors le nombre des points de *a* seroit évidemment la racine du nombre quarré qui exprimeroit les points du Quarré *A*. Mais comme quand je divise le côté *a* en douze parties,

& que fur la baze *c*, égale à une des douziemes parties, j'éleve le Rectangle *cf* que
j'exprime par le nombre douze, parce qu'il
contient douze petits Quarrés; je regarde
bien ce rectangle 12 comme une des racines
du Quarré *A*, defigné par 144, mais non
pas comme la racine de ce même Quarré
A defigné par 36. De même auffi quand
je pofe le côté *a* pour racine du Quarré *A*,
je ne regarde ce Quarré *A*, ni comme 36,
ni comme 144: je le regarde comme un
amas de petits Quarrés, qu'il faut defigner
par un tout autre nombre, quoique leur
fomme foit égale à la fomme qu'on exprime dans l'un de ces cas par 36, & dans l'autre par 144. Comme donc le Rectangle 12
n'eft point la racine du Quarré 36, ni le
Rectangle 6 la racine du Quarré 144, ainfi
le côté *a* n'eft racine ni du Quarré 144, ni
du Quarré 36, quoi qu'il foit la racine d'un
Quarré égal à celui que j'exprime indiffe-
remment, ou par 36. ou par 144. Quand
donc je dis $a = \sqrt{18}$, c'eft comme fi je
difois *a* eft la racine d'un Quarré, & ce
Quarré eft égal à un Rectangle compofé de
18 petits Quarrés. Il fe peut que la ligne
a me foit en partie inconnuë, mais ces
deux rapports que j'y connoîtrai, l'un qu'elle eft côté d'un Quarré, l'autre que ce
Quarré eft égal à un Rectangle qui m'eft
connu, & dont j'ai déterminé les parties,
acheveront de me la faire connoître. C'eft
dans ce fens qu'il faut entendre cette expreffion $a = \sqrt{A}$. $A = CD$. Donc *a*
$= \sqrt{CD}$. $C = 2$. $D = 9$. Donc $a =$
$\sqrt{18}$. Cela, dis-je, fignifie, *a* eft le cô-

té d'un Quarré qui a autant de surface que
le Rectangle *CD* composé de 18 petits
Quarrés égaux & connus. C'est là une verité developpée dont l'expreffion $a = \sqrt{18}$
ne donne qu'une intelligence confufe &
dont la plûpart fe contentent.

XX.
Dange-
reux effets
de l'obf-
curité.

CELUI dont les vûës fe terminent à calculer fans erreur, peut, fans fcrupule, ne
s'embarraffer point des obfcurités qui ne
rendent pas fes calculs défectueux. Mais
celui qui étudie principalement les Mathematiques afin de s'y affermir dans l'habitude
de ne fe rendre jamais qu'à l'évidence, ne
doit rien paffer qu'il ne conçoive. Il n'y a
point d'équivoque qui ne doive lui être fuf-
pecte, & il ne doit goûter de fatisfaction
qu'autant qu'il fait de pas dans la lumiere.

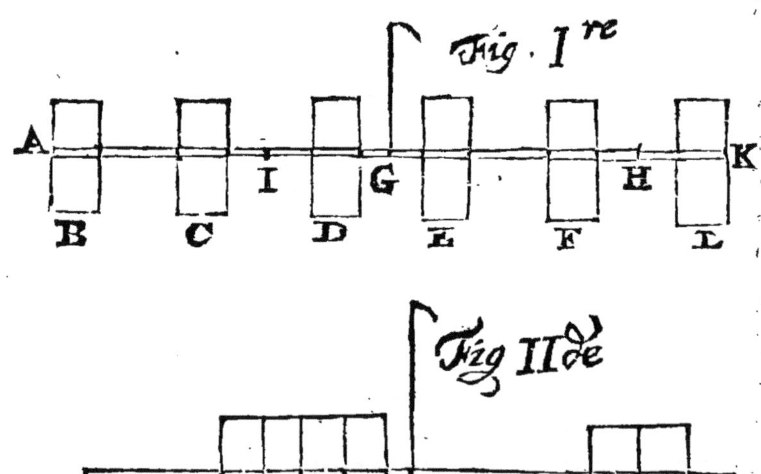

XXI.
Erreur
des Mathe-
maticiens
dans les
fujets mix-
tes.

LORSQUE les Mathematiciens font tom-
bés fur des fujets compofés & qu'ils n'a-
voient

voient pas compofé eux-mêmes, leur netteté & leur certitude ordinaire les a encore
abandonnés. C'eft par le Mouvement que
toutes les Machines executent leurs effets;
il faloit donc commencer les Mechaniques par la connoiffance de ce principe, il
faloit démontrer en quoi confifte la force du
Mouvement, en établir les degrés, & ron-
der fur ce principe toutes les demonftrations
qui compofent cette partie confiderable des
Mathematiques. Mais au lieu de cela, tous
les Anciens ont donné dans un principe ab-
ftrait, & qui n'eft pas même éloigné de petition de principe. Pourquoi encore faire
dependre des effets réels, de certaines lignes
fuppofées, & raifonner en difant, *une certaine Machine doit produire un tel effet, parce
qu'une autre difpofée d'une maniere, un peu
differente, mais analogue néanmoins, produiroit ce même effet?* C'eft tout au plus fi par
là on fe convainc de la certitude de l'effet,
& l'on apprend quand il doit fe faire; mais
on ne voit point nettement comment il fe
produit. Pourquoi donc n'appliquer pas immédiatement à chaque efpece de cas le principe des forces mouvantes, qui agit toûjours immediatement pour produire fon effet?

    Archimede demontre ainfi le principe des
Mechaniques : 1. que les fix poids, $B. C. D. E.$ 1. Figure.
$F. L.$ foient fufpendus à égales diftances du
point G, qui eft précifément le milieu de la
verge AK, qu'on fuppofe fans pefanteur.
Certainement il y aura équilibre.

    Le centre commun de gravité de tous ces
poids,

poids, c'est précisément le point *G* d'où ils sont suspendus.

2. Le point *H* est le Centre de gravité des deux poids *F* & *L* & le point *I* est le centre de gravité des quatre poids *B. C. D. E.*

3. Donc les quatre *B. C. D. E.* font effort pour descendre tout comme s'ils étoient réünis au point *I*, & les deux poids *F* & *L* font le même effort que s'ils étoient réünis au point *H*.

4. Les efforts étant égaux l'équilibre continuera.

5. Or alors les quatre poids *B. C. D. E.* ou leur assemblage, est à l'assemblage des deux *F* & *L*, comme *HG* à *GI*.

Mais sur l'article second je demande ce que c'est que le Centre de gravité, pour mettre la définition à la place du defini. Le Centre de gravité, dit-on, *c'est un point qui divise le corps pesant en deux parties dont les momens de part & d'autre seront égaux*: & qu'est ce qu'on appelle *moment*? C'est la *force* avec laquelle un corps tend *à descendre*. Et cette force, d'où depend-elle? Du *poids absolu* du corps pesant & de sa *distance du point de suspension*, c'est le *produit de l'un par l'autre*. Or quand on suppose que le *moment* des quatre poids *B. C. D. E.* demeure le même, soit que le corps *E* passe en deça du point *G*, soit qu'il passe en delà, non seulement c'est supposer ce qui est en question, c'est supposer ce qui n'est point prouvé, mais de plus renverser la définition du *moment*, car étant le produit de la pesanteur absolue par la distance du point de suspension, il doit changer quand une de

ces

ces chofes change. La propofition fait ef-
perer une preuve de cette maxime, que la
force des poids depend de leur éloignement du
foûtien; & la demonftration tire toute fa
force de cette maxime. Il y en a qui de-
montrent ainfi ce même principe.

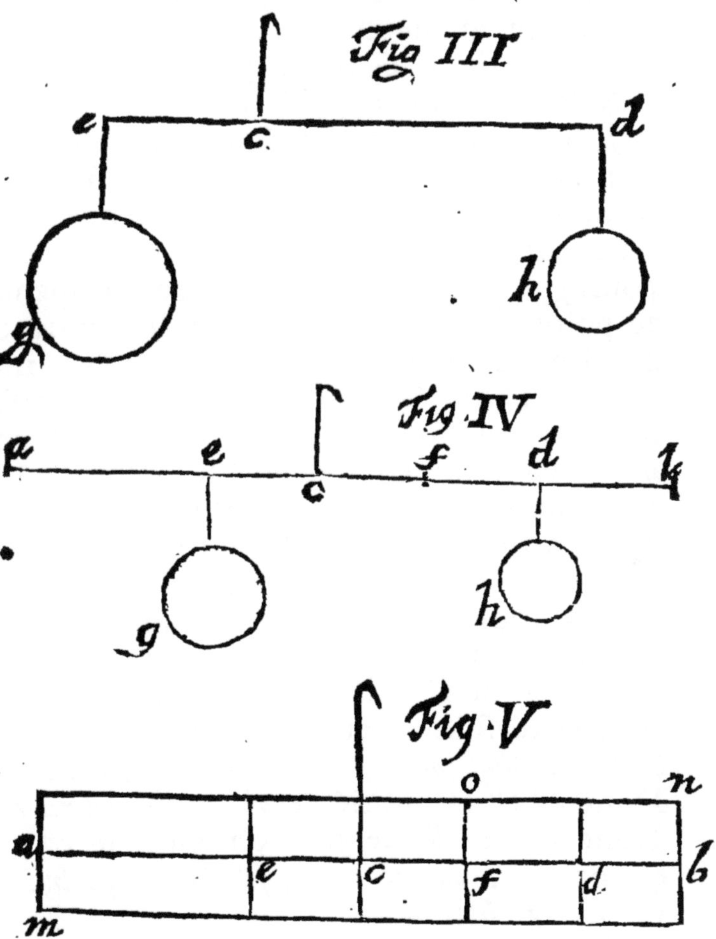

On fuppofe que les poids inegaux *g* & *h* 3. Fig.
font en équilibre autour du foûtien *c* &
l'on en conclud que *ec. cd :: h. g.*

Pour

4. Fig.

Pour le prouver, 1°. Sur la ligne ed, l'on prend les deux parties ef. fd. telles que ef. fd :: g. h. 2°. à fd l'on joint son égale db, & à fe, son égale ae ; ce qui étant fait on a, af. fb :: ef. fd. & par conséquent af. fb ::

5. Fig. g. h. 3°. On conçoit un Solide mn, de la même longueur que ab, partagé dans son axe de la même maniere. Et on suppose que la partie af égale en pesanteur le poids g & la partie fb le poids h.

Jusques ici il n'y a rien à contester, ce sont là des suppositions permises. Mais 4°. on ajoute, la partie fa tend à descendre précisément avec la même force que feroit le poids g qui lui est égal, s'il étoit suspendu au point du milieu e, qui est le centre de gravité de la partie fa ; & de la même maniere la partie fd tend à descendre precisément avec la même force que feroit le poids h s'il étoit suspendu depuis le point d. Or ces deux poids sont en équilibre. Donc les deux parties af, & fb, seront aussi en équilibre. 5°. Mais si le Cylindre ab est en équilibre autour du point C ; puisque c'est un Cylindre par tout d'égale épaisseur, il faut que le point C soit au milieu de ab. De là le reste suit. Car 6°. puisque $ae = ef$. & $fd = db$; $ae + db = ef + fd = ed$. Donc ed est la moitié de ab. Donc $ed = cb$. Donc $ec = db = fd$. Or puisque $cd = ef$, on aura cd. ec :: ef, fd. Mais g. h :: ef. fd. D. g. h :: cd. cc.

On voit que dès qu'on aura accordé les cinq premiers articles, le sixiéme en sera une conséquence necessaire qu'on ne pourra desavouër. Les trois premiers sont in-con-

contestables. Repassons un peu sur le 4. & le 5.

J'avoüe qu'un filet *af*, si mince en comparaison du poids *g*, qu'on pourroit en negliger la pesanteur & la compter pour rien, descendroit néanmoins avec la même vigueur que le Cylindre, *m o*, si on eût suspendu au milieu de ce fil en *e* un poids *g* égal en pesanteur au Cylindre, *m o*; & pourquoi cela? Parce que celui qui s'opposeroit à la descente du point *e*, empêcheroit en même temps la descente de tout ce qui est de côté & d'autre, & auroit à en soutenir l'effort. Mais il n'en est pas de même quand le Cylindre *m o*, est suspendu au point *c*. Car alors la partie *cf* ne s'unit plus à la partie *ca* pour faire descendre d'un commun effort leur point milieu *e*, car l'une de ces parties ne pouvant descendre, sans que l'autre monte, chacune prend un autre Centre de gravité, & *cf* s'oppose à la descente du point *e*, au lieu de l'aider. Il y a donc de l'équivoque dans cette demonstration, & on y applique un principe touchant l'effort du Centre de gravité, dans un sens auquel il n'est pas vrai & sur lequel les preuves ne tombent point.

Nos erreurs viennent ou de ce que nous supposons vrais des principes qui ne le sont pas, au moins dans le sens qu'il est necessaire de leur donner, pour être en droit d'en tirer les conséquences que nous en deduisons; ou de ce que nous supposons bien tirées des conséquences qui n'ont pas une liaison necessaire avec les principes d'où nous les tirons.

Nous

Nous sommes accoutumés dès l'enfance à supposer des principes & à tirer des conséquences sans beaucoup de circonspection. Nous croyons une infinité de choses simplement pour les avoir ouï dire sans les comprendre & sans en avoir jamais demandé de preuves; & comme nous ne cherchons pas plus d'évidence dans les conséquences que dans les principes, une apparence de liaison suffit pour nous faire tomber d'accord d'une conclusion.

Dès qu'un enfant est en état de faire usage de ses yeux & de ses oreilles, il se trouve environné de ténèbres parmi quelque foibles lueurs: les instructions qu'on lui donne ne sont que trop souvent confuses, & la plûpart des conversations des hommes ne lui presentent rien où il se puisse former à l'ordre & à la netteté; c'est ainsi qu'il s'avance en âge. Pour prévenir les suites pernicieuses des mauvais exemples, & de ce qu'il y a de defectueux dans l'éducation, rien ne seroit plus utile qu'une Science où depuis un bout jusqu'à l'autre regneroient la simplicité, l'ordre exact, & la pure évidence. Or il n'y en a aucune où il soit aussi facile d'observer tout cela que dans les Mathematiques.

XXIII.
On pourroit perfectionner la Methode de traitter les Mathematiques & la rendre d'un plus grand fruit.

Il est sûr que les Mathematiciens ont eu le bonheur de tomber sur des matieres qui n'étoient pas à beaucoup près susceptibles d'erreur autant que les autres. Je conçois que sensibles au plaisir de ne dire que des verités, ils se sont affermis dans la resolution de n'établir quoique ce soit que sur des preuves convaincantes, & je tombe d'accord

cord qu'ils s'en font rarement écartés. Mais fi outre cela ils s'étoient propofés de donner aux hommes le plan d'une Methode propre à les garantir d'erreur quand ils la fuivroient fur d'autres fujets, il y auroit fans doute plus d'évidence dans leurs Ouvrages, on y trouveroit plus d'ordre & fouvent plus de fimplicité. De grands hommes fe font apperçus de ces defauts & ont heureufement entrepris de les reformer; on leur a une obligation inexprimable d'avoir découvert un chemin nouveau, & je conçois qu'on ne fauroit leur en marquer une reconnoiffance plus agreable pour eux & plus digne de leur zéle, qu'en s'appliquant à fuivre la route où ils font entrés, & à la rendre à leur imitation de jour en jour plus aifée. Peut-être qu'on peut encore la perfectionner, car il n'eft pas fi facile, comme on pourroit fe l'imaginer, de demêler les embarras d'une Methode, quand on ne les fent plus, parce qu'on y eft fait depuis long-temps; & de découvrir quelque chofe de plus aifé & de plus fimple, que ce en quoi on ne trouve plus de difficulté pour fe l'être rendu familier par un long ufage.

Il femble qu'une continuelle habitude avec la Verité, dans l'étude des Mathematiques, devroit, en rendant cette Verité plus familiere aux Mathematiciens, leur en faciliter les routes & la découverte, dans tous les fujets à la connoiffance defquels ils s'appliqueroient. Cherchons s'il ne feroit pas poffible de recueillir des Mathematiques cet ineftimable fruit avec plus d'abondance & de fuccès qu'on n'a fait jufques ici.

C

DANS

XXIV.
De trois
sortes de
Mathema-
ticiens, il
y en a
deux sur
qui on ne
doit pas
beaucoup
compter.

Dans ce dessein remontons encore une fois à la source du mal & continuons à l'éplucher & à l'examiner de près. Trois sortes de personnes donnent dans les Mathematiques: D'excellens Genies, des Esprits mediocres, & des Esprits enfin au-dessous même de la mediocrité. Ceux-ci n'en prennent qu'une teinture legere, & ils ne sauroient pousser ces études un peu loin sans que leur foible Genie en soit accablé: car il en est de même de l'Esprit que du Corps; des efforts, au-dessus de ce que la Nature leur a donné de vigueur à l'un & à l'autre, les affoiblissent plûtôt que de les fortifier.

Ceux dont la capacité n'est que mediocre se rebuttent bien-tôt de la peine, à moins qu'ils ne se trouvent d'un naturel très-patient; & comme ceux à qui la patience est naturelle manquent ordinairement de feu, leur peu de feu acheve encore de s'éteindre par les efforts qu'ils font obligés de faire à tout moment, & plus encore par la secheresse des speculations dont ils s'occupent. Ainsi ces Esprits mediocres n'aiant que peu d'activité, & par conséquent peu de fecondité, s'ils apprennent ce qu'on leur enseigne, s'ils comprennent & s'ils retiennent ce qu'ils lisent & relisent, c'est tout ce qu'ils peuvent faire. Mais ils ne font pas capables d'inventer, ils ne sauroient pousser d'eux-mêmes leurs connoissances, pas même sur le sujet ordinaire de leurs études, & beaucoup moins sur d'autres tout differens.

XXV.
En quoi
manquent
les plus
excellens.

Pour ce qui est des Genies du premier ordre qui s'attachent aux Mathematiques, voici, ce me semble, deux choses dont on

pour-

pourroit fouhaiter qu'ils fe corrigeaffent; premierement engagés par le fuccès, & entrainés par le plaifir ils fe donnent tout entiers à leur Art : Ravis d'y faire chaque jour des progrès & d'entafler fans ceffe découverte fur découverte, ils négligent les autres Sciences; ou ils n'y font que de legeres courfes, fans beaucoup d'application, parce que leur paffion dominante les ramêne bien-tôt à fon objet. Or pour raifonner jufte ce n'eft pas affez d'avoir un excellent genie & un genie heureufement cultivé; mais de plus il eft néceffaire de connoître le fujet fur lequel on raifonne, d'en poffeder bien les principes, & de fe les rendre familiers. Mais ils n'étudient pas affez les autres fujets pour en venir là; parce que leur inclination les fixe ordinairement fur un feul.

En fecond lieu, comme leur vivacité naturelle, fortifiée par une longue habitude, leur rend tout aifé dans la Science qui fait l'unique objet de leur attachement, ils s'accoûtument à aller très-vîte & à parcourir quantité de chofes d'un coup d'œuil. Or negligeans l'ordre, parce qu'il ne leur eft pas neceffaire fur des fujets qui leur font fi familiers, ils ne remarquent pas les fuperfluités qui fe trouvent dans leurs demonftrations, & ils ne s'apperçoivent pas non plus de l'embarras qu'elles y caufent; parce que rien ne leur fait de la peine. Qu'arrive-t-il de là? C'eft que fur des fujets fort compofés & où l'erreur gliffe facilement, ils vont à leur ordinaire trop vite, ils décident à la fois plufieurs points, & negligent l'exacti-tude,

tude, l'ordre & la netteté; & alors on est tout surpris de les trouver novices, temeraires, confus.

XXVI.
Fautes où l'on tombe en étudiant les Mathematiques.

DE plus ou l'on commence ses études par les Mathematiques, ce qui est assez rare; ou, comme il arrive ordinairement, on apprend d'abord des Langues, on fait sa Rhetorique, on y joint un Cours de Philosophie à la maniere superficielle & chicaneuse de l'Ecôle; après cela quelques-uns font curieux d'entrer dans les Mathematiques.

Ceux qui commencent leurs études par les Mathematiques s'y bornent presque toûjours; car outre la peine que fait ordinairement une route nouvelle; l'obscurité, l'incertitude, & la diversité des sentimens, qui regnent dans les autres Sciences, les rebutent, & pour s'autoriser dans le peu de goût qu'ils ont pour elles, & justifier le refus qu'ils font d'y donner leur application, ils se persuadent que cette application seroit infructueuse, qu'on n'y va point au delà de la vrai-semblance; & qu'après y avoir donné tout leur temps, ils n'auront pas acquis plus de certitude que s'ils s'étoient bornés à les parcourir superficiellement. Cette supposition plait, parce qu'elle fait l'apologie d'une secrette repugnance; voila pourquoi on s'y rend sans peine, & on s'y affermit opiniâtrément.

Quant à ceux qui commencent les Mathematiques plus tard, la plûpart ont déja pris leur pli lors qu'ils les commencent; ils étudient donc les Mathematiques en Mathematiciens, & quand ils retournent à

la

la Physique ou à la Théologie, ils l'étudient, comme auparavant, à la maniere de l'Ecôle. Ils joüent deux personnages differens, & sans penser seulement à tirer quelque secours de l'une de ces Sciences, pour rectifier l'étude des autres; suivant que le cœur leur en dit, ou que la nature du sujet les y détermine; ils poussent leurs preuves jusques à la demonstration, ou ils se bornent à la vrai-semblance. Il est aisé de continuer son chemin dans des routes toutes formées, & l'on ne s'expose à rien de fâcheux en perseverant dans ce qui est une fois établi. Mais il y a également & du danger & de la peine à reformer ce qui se trouve autorisé par le temps; ainsi pourvû que le probable s'y rencontre, on s'y arrête.

VOILA sur quel pié je conçois que sont les Mathematiques, d'où il est naturel de conclure que pour en rendre l'étude plus utile & plus propre à perfectionner nos facultés, outre ce que nous avons déja remarqué, il faudroit encore apporter quelques changemens à la maniere de les étudier.

XXVII.
Methode
de les étu-
dier avec
plus de
fruit.

UNE des plus importantes précautions, à mon avis, seroit de ne faire jamais pratiquer aucun problême sans le démontrer. Il est toûjours dangereux d'agir sans savoir pourquoi l'on agit ainsi, car on s'accoûtume par là aux ténèbres; on prend l'habitude de se reposer sur autrui & d'acquiescer à ce que l'on ne comprend pas. Ces gens qui commencent par des pratiques, pour ramener de là leurs Disciples à des Theorêmes qui en contiendront les demonstrations, font

XXVIII.
Les de-
monstra-
tions de-
vroient
toûjours
preceder
les prati-
ques.

C 3

des

des ignorans, ou des Charlatans qui cherchent à amuſer la jeuneſſe, à éblouïr les Peres & à prolonger leurs inſtruƈtions pour ſe faire prolonger leurs ſalaires.

XXIX.
Elles doivent ſe rendre recommandables par leur ſimplicité.

Il ne ſuffit pas de démontrer, il faut chercher les démonſtrations les plus ſimples : car dès qu'une fois on a pris dans les Mathematiques le goût des circuits, les preuves trop longues & embarraſſées de detours ne font plus aucune peine ſur les autres ſujets, & celles qui ont ces défauts, n'en deviennent point ſuſpeƈtes. Cependant elles ſont difficiles à debrouiller, & ſoit par un effet de pareſſe, qui empêche de les examiner, quand elles ſont propoſées par les autres, ſoit par le plaiſir de s'y rendre, quand on en eſt ſoi-même l'Auteur, on s'en laiſſe aiſément éblouïr.

Pour reconnoître ſi une demonſtration a autant de ſimplicité que le ſujet en comporte, il n'y a qu'à comparer ſa concluſion avec les principes d'où on la tire ; car ceux-ci doivent toûjours être plus ſimples. Et ſi pour établir la verité d'une concluſion peu compoſée & dont le ſens eſt facile à comprendre, on poſe des Theorêmes plus obſcurs ou l'on en raſſemble un nombre peu proportionné à la ſimplicité de la concluſion ; on doit inferer que l'on n'en a pas encore ſaiſi les principes les plus ſimples, c'eſt à dire les vrais & les plus naturels, ceux en un mot dont elle derive immediatement. L'Experience fera concevoir une grande eſtime pour cette Regle, à tous ceux qui voudront en faire uſage ; on ne ſauroit s'en rendre l'habitude trop familiere.

Quand

QUAND on prendra le soin de démontrer chaque conclusion par ses veritables
principes, on ne se contentera pas de prouver qu'une telle chose est, on fera de plus
comprendre pourquoi elle est : Non seulement on se convaincra qu'une telle figure,
un tel nombre, ou un certain assemblage
de nombres, a une telle & telle proprieté,
on decouvrira encore en vertu de quoi il la
renferme. Je souhaiterois donc que toutes
les demonstrations fussent tirées de la generation même des choses. En Mathematique cela est aisé, puisque c'est notre Esprit
qui fait naître au dedans de soi les idées,
dont les objets qu'on trace sont ensuite les
expressions. Quand même dans quelque
cas cette Methode rendroit les demonstrations un peu plus longues, on seroit bien
dedommagé de cinq ou six lignes de lecture
par la lumiere qu'on en recevroit. La longueur n'est pas un défaut quand elle est necessaire pour répandre plus de lumiere, &
on est toûjours en droit de se plaindre d'u-
ne brieveté qui laisse dans les ténèbres. Il
n'arrive que trop souvent aux Mathematiciens d'en affecter une qui va plus à menager le papier que le temps. Si on avoit é-
tendu une proposition en douze lignes, il
auroit suffi de les lire une seule fois pour
la comprendre, mais parce qu'on a voulu
la reduire dans six, il faut la recommencer
sept ou huit fois pour l'entendre, & alors
l'ennui & l'impatience est souvent cause
qu'on passe plus outre sans avoir compris
qu'à demi ce qui précede, & qui doit servir de fondement à ce qui suivra.

XXX.
Et prou-
ver chaque
chose par
ses princi-
pes & sa
genera-
tion.

C 4

UN

XXXI.
Utilités
de ce dernier avis.

Un Difciple qu'on inftruit ainfi fe convainc non feulement que fon Maître ne le trompe point, il voit de plus par quelle route on devient Maître ; & il apprend à le devenir à fon tour. Non feulement il s'affure que ce qu'on lui prefente eft une verité ; il fe forme encore à découvrir la Verité, fans avoir befoin de la recevoir toûjours des mains d'autrui.

La memoire fe trouve encore extrémement foulagée par cette Methode, car fi l'on en a laiffé échapper quelque Theoréme ou quelque Pratique, il n'y a qu'à fe rappeller les principes defquels on l'a vû naître, & fi l'on a pris foin de fe former à deduire des conféquences, il fuffira de fe fouvenir des principes pour ramener fans peine l'idée des conclufions.

Faute d'avoir fuivi cette route, on voit tous les jours des gens qui, après avoir appris l'Arithmetique, la Géometrie & quelquefois plus encore, nous difent tout naïvement : *J'ai fû autrefois tout cela, mais depuis un an, ou deux*, plus ou moins, *j'en ai perdu les idées, & je ne fai plus ce que* c'eft.

XXXII.
Methode
d'enfeigner.

Enfin ce n'eft pas affez de difpofer fes propofitions en bon ordre, de les rendre auffi fimples qu'il fe peut, de les deduire de leurs principes les plus immédiats & les plus naturels, & de démontrer chaque proprieté par fa generation, il faut de plus que ceux qui enfeignent aient foin de mettre leurs Eleves en chemin d'inventer & de trouver eux-mêmes. Pour cet effet au lieu de debuter, comme l'on fait ordinairement,

ment, par tracer une figure, & d'en donner enfuite la demonftration, je trouverois plus à propos de commencer quelquefois en les faifant fouvenir de tous les principes & de tous les Theorêmes fur lefquels on prétend fonder une demonftration, & de les engager eux-mêmes à tirer des Confequences de ces Principes & de ces Theorêmes, & fuivant la force de genie qu'on leur reconnoitroit les aider plus ou moins à paffer des Principes aux Confequences. Quelquefois après leur avoir propofé nettement le fens d'une propofition, il faudroit les foliciter à chercher d'où elle dépend, leur faire définir chacun des termes qui compofent cette propofition, leur faire comparer ces definitions en les mettant à la place des termes définis. Ils viendroient par là d'eux-mêmes à decouvrir les veritables preuves par où on doit les demontrer. Il fera encore très-utile, après avoir decompofé une figure, de les rendre attentifs à la maniere dont on s'y prend, & à toutes les pofitions qu'on fait pour la rengendrer de nouveau.

IL N'Y a aucune Science où l'on ne rencontre à tout moment des fuppofitions, & où l'on ne fe contente très-fouvent de fimples vrai-femblances, & peut-être que celles qui, par leur importance, meritent le plus de circonfpection, font celles où l'on tombe plus frequemment dans ce défaut. Si l'on étudie les Mathematiques dans le deffein de fe rectifier le goût, en fe defaifant d'une habitude fi fatale & en même temps fi affermie & fi generale; il faut avoir la précaution de ne paffer jamais à aucune

XXXIII.
Il faut toûjours voir avec une entiere évidence.

pro-

proposition, qu'après s'être rendu parfaitement familieres celles qui la precedent. Ce soin eſt eſſentiel, en uſer autrement, c'eſt ſe familiariſer avec l'obſcurité, & dès qu'on ne s'en fera plus une peine, on tombera inévitablement dans l'erreur ſur tous les ſujets où il arrive aux hommes de ſe tromper. Vous êtes arrivés à la quatriême propoſition par exemple. On la demontre par la douziême & par la huitiême : à la verité vous vous ſouvenez du ſens de ces deux principes ſur leſquels on s'appuie, mais vous en avez oublié les preuves. Vous vous accoutumez donc à tirer des conſéquences de ce qui ne vous eſt connu qu'imparfaitement, cette coûtume eſt bien·tôt priſe, car elle s'accommode avec d'anciennes habitudes, & avec la pareſſe naturelle ; mais dès que vous la ſuivrez en Phyſique, en Morale &c. vous vous meprendrez à tout moment.

Quand on rappelle les preuves ſur leſquelles ſont établies les propoſitions dont on va ſe ſervir pour principe, on voit dans quel ſens elles ſont veritables, & dans quel ſens il eſt permis d'en tirer des conſéquences. Sans cela elles deviennent ſouvent équivoques, & jettent dans l'erreur dans toutes les matieres où l'équivoque a lieu. La Morale de *Spinoza* en eſt un exemple perpetuel. La Methode des Mathematiciens eſt la ſeule qu'il pouvoit choiſir pour impoſer avec ſuccès. Le Sophiſme & le foible de ſes raiſonnemens auroit ſauté aux yeux ſous une autre forme. Mais plus les propoſitions qu'on aſſemble, pour en tirer

une

une conclufion, font éloignées les unes des autres, plus, dans le fouvenir confus qui en refte, il eft aifé de les prendre, non pas dans le fens où leurs preuves les renferment, mais dans celui où l'on trouve à propos de les étendre pour favorifer la conclufion à laquelle on les deftine.

Je fai qu'il y a des Mathematiciens illuftres qui ne s'embarraffent pas de ces précautions, beaucoup de courage, de travail, d'affiduité; voila felon eux, qui fuffit pour aller loin. Le rang qu'ils tiennent dans la République des Lettres, la reputation qu'ils fe font acquife leur donne quelque droit d'exiger qu'on les croye fur leur parole dans ce qui concerne l'objet de leurs études. Mais quand je leur pafferois cet avis & que je le croirois utile pour ceux qui fe bornent aux Mathematiques & qui en veulent faire comme une efpece de métier honorable, je ne laifferois pas de confeiller une toute autre Methode à ceux qui les regardent comme la Science des Sciences, comme la clef des autres, c'eft-à-dire qui les étudient principalement dans le deffein d'y acquerir une jufteffe d'efprit, qui ne les abandonne plus, & qui leur ferve à trouver plus fûrement la Verité, par tout où ils la chercheront.

QUAND on ne fe fait pas une Loi conftante de ne fuppofer quoique ce foit, de ne rien laiffer paffer d'obfcur, d'éviter les detours & d'aller toûjours à fes conclufions par les routes les plus fimples, il arrive tôt ou tard, dans les Mathematiques même, que l'obfcurité & la longueur ceffant d'être fufpectes font tomber dans l'erreur.

XXXIV.
Inconveniens de l'obfcurité & des longueurs.

En

En voici un exemple tiré d'un des plus célèbres Mathematiciens. Le Pere *Dechales* dans la Propofition 48 du premier Livre de fa *Dioptrique* pofe cette Règle.

In Lente plano convexa, fi objectum ponatur inter Focum & Lentem, ita erit diftantia objecti à centro Lentis, ad diametrum Lentis; ut diftantia ejus à Lente, ad diftantiam Foci imaginarii.

Qu'on examine la demonftration qu'il en donne, & on verra qu'elle eft établie fur de fauffes fuppofitions, & des conféquences mal tirées. Une jufte prévention pour ce Grand Homme me fit lire plufieurs fois la demonftration qu'il donne de fa Règle, & je m'accufois toûjours d'avoir l'efprit bouché, jufques à ce qu'effayant de refoudre ce Problême à ma mode, je découvris d'abord, en fuivant une route plus aifée que la fienne; qu'il falloit établir autrement cette Règle & dire : *Comme la difference qu'il y a entre la diftance de l'objet & celle du foyer des paralleles, eft à la diftance de ce foyer; Ainfi la diftance de la lentille, eft à celle du foyer imaginaire.*

L'évidence de ma demonftration me fit foupçonner qu'il y avoit du Paralogifme dans celle du Pere *Dechales*, je l'examinai de nouveau, & je le découvris d'abord. Je me fuis étonné dans la fuite que le Pere *Zahn* (* *Fund.* 11. pag. 38.) copie de mot à mot fans y changer une feule lettre la propofition du Pere *Dechales* & fa pretenduë demonftration. Peut-être celui-ci l'avoit-il tirée d'ailleurs & tranfcrite avec la même bonne foi.

Dans

* *Oculus Artif.*

Dans toutes les demonſtrations qu'on donne du paſſage des rayons de lumiere à travers les demi lentilles, on tourne toûjours leur convexité du côté de l'objet, & on ſuppoſe que le detour des rayons les ameneroit préciſément au même ſoyer, ſi on tournoit la ſurface plate de la demi lentille du côté de l'objet. L'experience verifie en eſſet cette ſuppoſition, & on en donne auſſi quelque raiſon generale. Mais ſi on avoit été plus curieux de calculer avec exactitude les détours des rayons, & de tracer leur route, lorſqu'ils entrent par la ſurface plate, comme lorſqu'ils entrent par la courbe; comme le même Paralogiſme, qui a trompé dans une de ces ſituations n'auroit pas été propre pour impoſer dans l'autre, on auroit trouvé deux differentes diſpoſitions de foyer, contre ce que l'experience établit, & l'une de ces ſolutions auroit ſervi de correction à l'autre. J'en reviens donc à la maxime que j'ai peut-être déja trop ſouvent repetée, il eſt dangereux de s'accoutumer à ſuppoſer & à ſe rendre à des preuves trop vagues, il faut aimer à s'aſſûrer avec plus d'évidence, & à voir diſtinctement tout ce dont on peut ſe former des idées determinées.

On voit par là que les Mathematiciens ne ſe font pas toûjours aſſez de ſcrupule de ſuppoſer vrai ce qu'ils ne comprennent pas aſſez nettement ; voilà pourquoi, ils ſe trompent commé les autres dans les matieres ſujettes à l'erreur, & peut-être ſe trompent-ils d'autant plus aiſément, que ſe flattans d'avoir acquis dans une continuelle habitude

bitude avec la demonſtration plus de force
& de juſteſſe d'eſprit que les autres, ils ſe
diſpenſent du ſoin d'examiner avec autant
de defiance qu'ils devroient, & ſe permettent de decider avec trop de precipitation.

Je donnerai encore un exemple d'une demonſtration qui pour être trop longue & trop
embarraſſée reſſemble preſque à un Sophiſme; au moins ne ſeroit-il pas ſûr de l'imiter.

Il eſt certain qu'un Nombre entier, qui
n'a pas pour ſa racine un entier, ne ſauroit
avoir pour ſa racine une Fraction. Mais la
demonſtration qu'en donne le Pere *Preſtet*
a d'abord l'air d'une *petition de principe.*
Elem. de Math. L. IX. p 285. n. 50.

Si un nombre entier n'a point un nombre en-
tier pour racine, la juſte valeur de cette ra-
cine lineaire ne peut jamais être exprimée par
aucun nombre rompu: Parce que tout nombre
entier b *vaut autant que la fraction* $\frac{b}{1}$. *Mais*
b & 1 *ſont expoſans des termes de la frac-*
tion $\frac{b}{1}$; & *ces expoſans ne ſont point deux*
nombres quarrés, par la ſuppoſition.

Il vient d'abord dans l'eſprit de répondre à
cette demonſtration, qu'à la verité on ſuppoſe que *b* n'a point un nombre entier
pour ſa racine; mais ſi à cauſe de cela, on
ſuppoſoit qu'il n'eſt nullement quarré &
qu'il ne peut avoir une fraction pour racine, on ſuppoſeroit ce qui eſt en queſtion.

Si pour éclaircir cet embarras & lever cette
apparence de *petition de principe*, on remonte
d'article en article, la même difficulté re-
commencera, & l'on ſe trouvera conduit
de ſuppoſition en ſuppoſition.

Ainſi

Ainſi quand je remonte à l'article precedent * ſur lequel celui que je viens de citer
ſe fonde : *Si les deux termes* A *&* Z *d'une*
fraction $\frac{A}{Z}$ *ont pour expoſans deux nombres*
a & z, *qui ne ſoient point l'un & l'autre un*
quarré, aucun nombre entier ou rompu n'en
peut être la racine quarrée; car tout nombre
entier ou rompu $\frac{B}{Y}$ étant multiplié par lui-même donne un produit $\frac{BB}{YY}$ dont les deux termes
BB & YY ſont deux nombres quarrés, qui
ont auſſi pour expoſans deux nombres quarrez
bb & yy. De ſorte que ſi un nombre rompu
ou une fraction $\frac{A}{Z}$ n'a point deux nombres quarrés pour expoſan: a & z ; elle ne peut être un
quarré $\frac{BB}{YY}$ d'aucun nombre entier ou rompu $\frac{B}{Y}$,
puis qu'autrement elle auroit pour ſes expoſans
deux nombres quarrez, ce qui repugne à la
ſuppoſition. Il ſe preſente deux difficultés
qui m'empêchent de ſentir toute la force de
cette demonſtration & qui me font ſoupçon-
ner qu'elle ſuppoſe quelque choſe qui n'eſt
pas aſſez prouvé. Car ſi la fraction $\frac{BB}{YY}$ n'a
d'autres expoſans que $\frac{b}{1}$, je tomberai d'accord que *b* eſt un quarré auſſi bien que 1 ;
& ſi de là on veut inferer que *b* a un entier pour racine, il faudroit avoir déja prouvé que ſans cela *b* ne peut être quarré.
Si je continue à remonter & que je vien-
ne à l'article 76. du L. 8. (article encore
cité dans la demonſtration que j'examine)
je trouve bien que *les expoſans de deux nom-*
bres

* n. 49.

bres quarrez font pareillement deux nombres quarrez, parce qu'il y a toûjours un nombre plan a b *moyen proportionnel entre les deux quarrez* a a *&* b b, *de forte que dans la progreſſion* ∴ a a. ab. bb, *le premier & le ſecond terme étant commenſurables, les extrêmes le feront auſſi & auront par conſéquent pour leurs expofans des nombres quarrez;* la même difficulté revient encore, car ſi la fraction $\frac{f}{g}$ eſt la racine quarrée de *b*; j'avouërai que $\frac{b}{1}$ eſt l'expofant de $\frac{ff}{gg}$ & de là je conclurai que *b* eſt un quarré; mais ſi de là on veut encore que je tire cette conféquence, qu'il a donc un entier pour ſa racine, je demanderai qu'on me prouve premierement qu'il ne peut être quarré fans cela, c'eſt la queſtion qu'il ne faut pas fupofer.

La même difficulté fe prefentera encore fur les articles 47 & 37 du L. 8., & elle ne fe diſſipera que par l'article 38 du Livre 6.

Si deux nombres a *&* z *font premiers entr'eux, chaque puiſſance de l'un de ces deux nombres eſt premiere à l'égard de chacune des puiſſances de l'autre.* Mais de ce principe je tire immédiatement & fans aucun détour cette conféquence, qu'aucun nombre entier *b* ne peut avoir pour ſa racine une fraction $\frac{f}{g}$ parce que le quarré $\frac{ff}{gg}$ ne peut être égal $\frac{b}{1}$ à moins que *ff* ne foit multiple de *gg*.

La premiere Edition de ces *Elemens* donne une demonſtration plus ſimple.

L i v.

LIV. III. N. L. *Toute fraction quarrée égale à un nombre entier, a sa racine égale à un nombre entier.*

DEMONSTRATION. *Le nombre entier étant égal à la fraction l'exposant de chacun est le même. Or ce nombre entier est son exposant à lui-même, il est donc aussi l'exposant de la fraction. Or un tel exposant est quarré par le cinquieme Theorême. Il sera donc le produit d'un nombre entier par lui même, ou, ce qui est la même chose, la racine de ce quarré sera un nombre entier. Or cette racine est égale à l'exposant de la racine de la fraction quarrée, car si des puissances sont égales, leurs racines sont égales. La racine d'une telle fraction est donc égale à un nombre entier. Ce qu'il falloit démontrer.*

Le cinquieme Theorême précede immediatement, le voici.

Tout nombre quarré a pour exposant un nombre quarré.

DEMONSTRATION. *Ce nombre quarré ne peut être qu'entier ou rompu. S'il est entier, le Theorême est évident, car ce nombre est son exposant à lui-même, puisqu'il ne peut être exprimé par des termes plus simples.*

S'il est rompu, soit ce quarré appellé $\frac{aa}{bb}$, & son exposant $\frac{c}{d}$, je dis que $\frac{c}{d}$ est un nombre quarré. Car soit $\frac{c}{f}$ l'exposant de $\frac{a}{b}$, Donc $\frac{ee}{ff}$ sera l'exposant de $\frac{aa}{bb}$. Or $\frac{c}{d}$ est aussi l'exposant de $\frac{aa}{bb}$. Donc $\frac{c}{d}$ est le même que $\frac{ee}{ff}$. Or $\frac{ee}{ff}$ est

D

un

un nombre quarré, car $\frac{e}{f}$ *qui en est la racine est un nombre commensurable, puisqu'on le suppose égal au nombre commensurable* $\frac{a}{b}$ *dont est l'exposant. Donc* $\frac{c}{d}$ *est un nombre quarré. Donc tout nombre quarré a pour exposant un nombre quarré. Ce qu'il falloit demontrer.*

Mais si après lui avoir accordé que la fraction quarrée $\frac{aa}{bb}$ a pour exposant $\frac{c}{d}$ ou $\frac{e}{f}$ au cas qu'elle égale un entier, si je lui nie que la racine fractionnée $\frac{a}{b}$ ait pour exposant $\frac{e}{f}$, parce qu'elle est composée de nombres premiers entr'eux, il faudra qu'il me prouve que quand deux quarrés ne sont pas premiers entr'eux, leurs racines non plus ne sont pas premieres entr'elles : sa demonstration suppose necessairement cette verité, & cependant elle n'y est pas seulement citée.

Je n'accuse pas la demonstration du Pere *Prestet* de contenir effectivement une *Petition de Principe* ; je dis simplement qu'elle en a l'air, & qu'en la suivant de Theorême en Theorême, elle est exposée à des doutes & à des exceptions, qui se dissipent enfin dès qu'on fait attention au Theorême du *L. VI. n.* 38. Mais puisque de ce seul Theorême, on peut tirer une demonstration bien simple & bien claire, il auroit mieux vallu n'en employer point d'autres. Il est dangereux, même dans la Verité, de s'accoutumer à ce qui ressemble au Paralogisme. Quand une demonstration se tire, sans ne neceſſité, d'une longue ſuite de principes, il y en a toûjours quelques-uns & ſouvent pluſieurs, dont on n'a pas conſervé une idée aſſez nette; on s'accoûtume par là à ſuppoſer vrai ce qui eſt obſcur, & l'on ſe familiariſe avec un des plus grands principes d'erreur. En s'accoutumant à ſuppoſer vrai ce dont on ne voit pas la verité dans le moment qu'on le ſuppoſe, mais dont on ſe ſouvient ſimplement de l'avoir vûë, on vient peu à peu à ſuppoſer cela même qu'on n'a jamais compris & à ſe rendre à des apparences de demonſtration.

Le Pere *Lami* ne demontre pas avec plus de netteté que le Pere *Preſtet* le Theorême dont nous venons d'examiner la demonſtration.

Liv. VI. Sect. II. XIV. Prop. *On ne peut exprimer par nombres, ſoit entiers ſoit rompus, la valeur d'une racine d'une puiſſance imparfaite.*

Soit ce nombre 18, qui n'eſt pas un nombre quarré. Car il eſt évident qu'il n'y a point de nombre entier qui multiplié par lui-même faſſe 18. On pourroit, comme on l'a dit, penſer qu'il pourroit y avoir quelque nombre rompu, qui exprimât la valeur de ſa racine, que je nomme x, *ce que je vais demontrer impoſſible; car ſi cela étoit, la raiſon de* x *à* 18 *ne ſeroit pas ſourde; or elle l'eſt, ce que je prouve ainſi. Je multiplie 18 par* 1, *ce qui fait 18, que je puis ainſi conſiderer comme un nombre plan, dont la racine quarrée eſt un moyen proportionnel entre* 1 *&* 18. Liv. III. n. 68. *Ainſi* ÷ 1. x. 18. *Or par le ſecond Cas de* *la dixieme Propofition ci-deffus, la raifon de 1 à 18 n'aiant pas pour fes expofans des nombres quarrés, x eft incommenfurable avec 1 &, avec 18.*

Mais comment prouve-t-il que la raifon de 1 à 18 n'a pas pour fes expofans des nombres quarrés?

X. Propos. Second Cas. *Si la raifon de la premiere grandeur à la troifieme, eft une raifon de nombre à nombre qui n'ait pas pour fes expofans des nombres quarrez, la moyenne grandeur eft incommenfurable en elle-même, & commenfurable en puiffance à la premiere & à la troifieme.*

Soient ÷ k. l. m. *trois grandeurs* k. m :: 3. 4. *La raifon de* k *à* m *eft doublée de la raifon de* k *à* l, *ou compofée des deux raifons égales de* k *à* l *& de* l *à* m. *Or* 3 *&* 4, *qui font les expofans de cette raifon doublée de* k *à* m, *ne font pas deux nombres quarrez, les deux raifons de* k *à* l *& de* l *à* m, *dont cette raifon eft compofée, ne peuvent donc être des raifons de nombre à nombre par la neuvieme Propofition ci-deffus.*

Il fuppofe que 3 & 4 ne font pas tous deux des nombres quarrés; or c'eft ce qui eft en queftion. Il ne fuppoferoit rien s'il avoit prouvé qu'aucune fraction, non égale à un entier, mu'tipliée par elle-même, ne peut produire un entier; ou fi la demonftration des propofitions fur lefquelles il s'appuye portoit que le rapport de deux nombres quarrés doit avoir pour fes expofans des nombres quarrés qui aient pour racines des entiers.

Con-

Continuons à suivre sa demonstration de Theorême en Theorême.

PROPOS. IX. *Une raison simple est sourde, si la raison doublée de cette raison n'a pas pour exposans des nombres quarrés.*

Si xx *n'est pas à* zz *comme quarré à quarré; je dis que la raison de* x *à* z *est une raison sourde; car si elle est de nombre à nombre, il faut par la proposition precedente que* xx *soit à* zz *comme nombre à nombre, & alors la raison de* xx *à* zz *aura des nombres quarrés pour exposans.*

Je répons que tout cela aura lieu si $z = \frac{v}{y}$ & que par consequent $\frac{vv}{yy} = zz$, car alors on aura les progressions $\div x. \frac{v}{y}. \frac{vv}{yy}$ divisé par x. & $\div x. z. \frac{zz}{x}$ & parce que $x. \frac{zz}{x} :: xx. zz$; on aura aussi $x. \frac{\frac{vv}{yy}}{x} :: xx. \frac{vv}{yy} = zz$.

Tout se reduit à savoir si la fraction $\frac{v}{y}$ multipliée par elle-même peut produire un entier. Si elle le peut, le raisonnement du Pere *Lami* tombe; si elle ne le peut, il il n'est pas besoin d'autre preuve, pour demontrer qu'un nombre, qui n'a pas un entier pour racine, n'aura pas pour racine une fraction.

La demonstration du Theorême neuvieme se tire de la proposition precedente,* où ce Pere dit: *La raison doublée d'une raison de nombre à nombre, est aussi une raison de nombre à nombre, qui a pour ses expo-*

* n. 22.
VIII. Th.

D 3

sans

fans des nombres quarrés. Il tire fa preuve
de la troifiéme Propofition de la Section
precedente *.

* n. 13.

III. PROP. *Deux raifons de nombre à nombre étant égales, le produit des antecedens & le produit des confequens font entr'eux comme deux nombres quarrez.*

Soient a b :: c d. *La raifon de* a *à* c. *& de nombre à nombre, comme auffi celle de* b *à* d. *Il faut prouver que* a c *eft à* b d *comme deux nombres quarrez. Ainfi fi* a = 12, b = 24, c = 8, d = 16, *il faut prouver que* 12 × 8, *ou* 96 *eft à* 24 × 16 *ou* 384, *comme deux nombres quarrez.*

Ces deux raifons étant égales, elles ont les mêmes expofans. Ainfi en les reduifant aux moindres termes, on les reduit à ces nombres 1. 2. :: 1. 2, *Les deux antecedens de ces deux raifons font un même nombre, & les deux confequens font auffi un même nombre; ainfi par la definition des nombres quarrez, le produit* 1 *des antecedens &* 4 *produit des confequens, feront des nombres quarrez. Les raifons compofées de raifons égales font égales. Donc* a c *ou* 96 *eft à* b d *ou à* 384 *comme* 1 *à* 4, *& par conféquent comme deux nombres quarrez, ce qu'il falloit demontrer.*

Mais cette demonftration, comme on le voit aifément, n'eft pas affez génerale, & au lieu de demontrer la verité de la Propofition, il femble qu'elle fe borne à en faire comprendre le fens par un exemple.

On a lieu de foupçonner que ce favant Pere n'étoit pas lui-même affez content de la demonftration que nous venons d'examiner.

ner en remontant depuis l'article 32 du 6.
Livre à tous ceux qui peuvent servir à l'établir ; il semble, dis-je, que ce savant Mathematicien craignoit que sa demonstration ne laissât de l'embarras & du doute dans l'esprit de ses Lecteurs : il y appercevoit lui-même de l'obscurité, puis qu'il lui en substitue une plus sensible. *Pour avoir, dit-il, une demonstration sensible qu'il n'y a point de nombre rompu qui puisse exprimer la valeur de x qu'on suppose la racine quarrée de 18, il faut se souvenir que pour réduire 18 en fraction afin d'avoir une racine plus grande que 4 racine de 16, nombre quarré qui approche le plus de 18, il faut multiplier 18 par le quarré de la fraction dans laquelle on a reduit 18. Ce produit n'est pas un nombre quarré.*

Non, cette fraction n'est pas un quarré, supposé que 18 n'en soit pas un.

Quand il ajoute, *Prenant une plus petite fraction on aura encore un nombre qui ne sera pas quarré. On trouvera une racine plus grande que la precedente, mais moindre que la veritable, ainsi puisque quelque petite fraction qu'on prenne, ce ne sera jamais un quarré, il y aura toûjours du reste :* En disant cela, il parle bien conformément à l'experience autant qu'on l'a poussée jusqu'ici, mais il ne demontre pas l'impossibilité de faire mieux.

On voit bien-tôt si un nombre a, ou n'a pas un entier pour racine. On essaye de lui en donner une en fraction, & après divers essais inutiles, on se persuade qu'on y travailleroit en vain. Cette supposition est cause qu'on ne se rend pas difficile sur les

de-

demonſtrations qui tendent à établir cette verité. Mais je ne me laſſe pas de le repeter; il eſt toûjours dangereux de s'accoutumer à ſe rendre à des verités mal prouvées; on prend l'habitude de prêter aux preuves, & c'eſt cette habitude qui nous jette dans l'erreur, toutes les fois que les prejugés, les paſſions, ou la pareſſe, nous diſpoſent à acquieſcer à une concluſion.

De tout ce que je viens de remarquer, je tire cette conſequence, qu'au lieu que la plûpart des Propoſitions ne ſont établies par les Mathematiciens, que ſur une longue enfilade de demonſtrations & qu'on ne les voit naître qu'après une longue & penible *genealogie*; il faudroit s'appliquer à trouver des principes qui ſerviſſent de preuves immédiates à pluſieurs propoſitions. Je ſuis dans la penſée, qu'on trouveroit beaucoup plus qu'on ne croit de ces propoſitions établies ſur un petit nombre de preuves, ſi on ſe donnoit le ſoin de les chercher; ces demonſtrations beaucoup plus nettes feroient non ſeulement plus aiſées à comprendre, mais encore plus aiſées à retenir, & l'Eſprit humain en étudiant les Mathematiques traitées dans cette methode, s'y formeroit tout autrement au goût de la ſimplicité & de l'évidence, ce qui eſt le plus grand fruit qu'il en puiſſe tirer.

D'ailleurs quand la verité d'une Propoſition dépend d'un grand nombre de Theorêmes ſi differemment demontrés eux-mêmes; il n'eſt preſque pas poſſible de ſe rendre preſentes toutes ces preuves dans leur

force

force & dans leur évidence. On se contente donc de les supposer vrayes, parce
qu'on se souvient en gros d'en avoir été
convaincu. Mais par là on s'accoûtume à
supposer. Et dans des matieres où l'erreur
se glisse plus aisément que dans les Mathematiques, & où elle est, outre cela, d'une
plus dangereuse conséquence, on donne
dans des conclusions fausses, parce qu'on
suppose que les preuves en sont bonnes.
Et pourquoi les suppose-t-on bonnes? C'est
qu'on se souvient confusément de les avoir
examinées. Mais pour les avoir examinées
autrefois on n'en conserve pas toûjours un
souvenir assez précis, & le sens auquel on
a eû raison de les admettre quand on les
examinoit, est souvent different de celui où
on les prend quand on en tire ces conclusions qui trompent. Il importe donc de se
faire de bonne heure une loi sacrée & une
habitude constante de tout voir & de ne se
rendre qu'à l'évidence, afin de n'être jamais exposés à mêler des principes suppo-
sés, & dont on n'a qu'un souvenir confus,
avec des principes connus & clairement pre-
sens.

Quand je dis qu'il faut tout voir & ne se
rendre qu'à l'évidence, on comprend assez
que je ne défens pas d'admettre un principe, jusques à ce que l'on ait pénétré dans
toutes les conséquences qui en naissent, &
qu'on en ait dissipé toute l'obscurité. Il y
a bien de la difference entre ne rien supposer dans les principes, & voir clairement
tout ce qu'on en peut conclurre. Les prin-

D 5

cipes

cipes peuvent être évidens & les conclufions obfcures ; *l'infini* nous paffe, mais
les preuves, qui nous y amenent & nous
forcent à le reconnoître, font à notre po-
tée.

XXXV.
On doit commencer de bonne heure l'étude des Mathematiques.
JE finirai l'expofition de ma Methode en ajoûtant que je voudrois faire commencer l'étude des Mathematiques dès le premier âge. Si l'on s'y prend bien on trouvera que les enfans en font capables à dix ans & plûtôt. Voici les fruits qu'on en ti-rera.

Premierement, ils fe rendront ces prin-cipes parfaitement familiers, & l'habitude qu'ils fe feront fait d'y penfer de bonne heure, jointe à leur certitude, les égalera prefque aux notions communes. Or on fait, ou l'on doit favoir, que les principes font d'autant plus feconds qu'ils font plus familiers, & que l'on s'eft habitué depuis plus long temps à en faire ufage : Alors ils s'offrent d'eux-mêmes dans le befoin, on les applique fans peine à tous les cas, & non feulement on les voit, mais avec un peu d'attention, on voit avec eux toutes les conféquences qui en naiffent. Les Propo-fitions les plus exceffivement compofées ne combinent gueres au delà de huit ou dix Theorêmes Elementaires ; Or une attention mediocre fuffiroit pour faire ces combinai-fons, fi les principes qu'on y affemble é-toient affez familiers pour ne la point par-tager, mais dès que les principes eux-mê-mes occupent une partie de l'attention, la combinaifon qu'on en fait, devient pénible

&

& confufe. Un grand nombre de jeunes gens commencent les Mathematiques entre quinze, & vingt ans. Ils interrompent leurs plaifirs de quelques heures, pour faire chaque jour une courfe dans un pays de nouvelles idées, qui n'ont aucun rapport à tout ce qu'ils ont penfé jufques alors; hé le moien qu'une habitude fi nouvelle fe grave profondément au milieu de tant de diftractions! L'Experience fait voir qu'à l'exception de ceux qui font des Mathematiques leur profeffion, & d'un très-petit nombre d'autres, on ne les apprend dans cet âge que pour les oublier bien tôt.

En fecond lieu, on évitera un des plus grands inconveniens où l'on tombe dans l'éducation de la jeuneffe. On fe contente pour l'ordinaire d'exercer la memoire dans cet âge, & par là les jeunes gens deviennent des Echos & des Perroquets. Uniquement occupés à des mots, fur le fens defquels ils ne font pas d'attention, ils s'accoûtument à fe payer toute leur vie de cette monnoye, & à fe contenter de fons qui ne fignifient rien, de forte qu'ils ne fe font plus de peine d'acquiefcer à ce qu'ils n'entendent pas, & d'admettre fans examen tout ce qu'on leur propofe d'un air d'autorité.

MAIS le moien de faire raifonner des gens en qui la Raifon eft encore fi foible? Je répons qu'à la verité la plûpart des matieres de Morale, de Phyfique, de Théologie, font trop compofées pour eux; qu'il feroit trop facile de les tromper dans ce premier âge fur ces grands fujets, & que ces

XXXVI.
Réponfe
à quelques
difficultés.

erreurs

erreurs tireroient à conféquence. Je reconnois de plus qu'ils s'accoûtumeroient à ne comprendre qu'à demi ce qu'on leur enfeigneroit, & qu'ils feroient fort fatisfaits de leur attention, pourvû qu'elle leur fit entrevoir quelque lueur parmi bien des ténèbres, ce qui eft encore une très-fatale habitude. Mais tous ces inconveniens fervent à autorifer ma penfée. Inftruifez-les dans les Mathematiques, vous les faites raifonner fur des fujets qui ne font pas expofés à l'erreur, & où tout le mal de leur erreur, quand il y en auroit, fe borneroit à errer, fans aucune fuite dangereufe; vous les faites raifonner fur des fujets fur lefquels il faut ou tout comprendre, ou s'appercevoir qu'on ne comprend rien. Il y a plus, on les met dans la neceffité de s'inftruire très-nettement & de s'éclairer à fond, s'ils veulent retenir ce qu'ils ont appris; car le moyen de conferver dans fa memoire une demonftration qu'on ne comprend pas exactement ! Rien n'eft plus épineux quand on ne voit qu'à demi ; rien n'eft plus fatisfaifant quand on conçoit tout. Et pour combien ne doit-on pas compter ce goût de verité & d'exactitude, auquel on fe forme de bonne heure, & le plaifir qu'on fe fait de fe laiffer charmer par l'évidence?

Le confeil que je donne ne manquera pas de paroître étrange à une infinité de gens, & ils me regarderont comme un homme fingulier, qui fe plaît dans les paradoxes; car la plûpart des hommes font des machines

nes affujetties à la coûtume, ils fe gen-
darment & fe foulevent dès qu'on les veut
taut foit peu tirer du train ordinaire. La
plûpart des gens font rouler les principaux
points de l'éducation de la jeuneffe à l'occuper fans ceffe, à lui bien farcir la memoire, & à la feffer impitoyablement. Loin
de nous ces nouveaux Philofophes avec
leurs fubtilités, nous avons été fouëttés,
nos enfans le feront auffi, pourquoi feroit-
on plus délicat aujourd'hui qu'autrefois?
Je voudrois bien favoir ce qui nous manque
& ce qui manquera à nos enfans, s'ils nous
reffemblent, & s'ils font auffi fages & auffi
éclairés que nous? Et fur cet argument fans
replique, & *ad hominem* on s'abandonne à
la route ordinaire.

J'avouë qu'il faudroit être bien chimerique pour fe promettre d'introduire dans l'Efprit des jeunes gens les Elemens de ces belles
Sciences, & de les former fur la Raifon,
pendant que leur éducation fera confiée à
des gens fans habileté, à qui l'Ecole four-
nit un azile contre la faim. Mais fi l'on
vouloit une fois ouvrir les yeux, & regarder comme capital ce qui l'eft effectivement, & ce qu'il y a au monde de plus
important & de plus neceffaire, je veux
dire une heureufe éducation, il feroit moins
difficile qu'on ne croit de remplir la Societé d'hommes raifonnables.

JE perfevere donc dans mes fentimens,
& je conçois que l'on devroit inftruire la
jeuneffe dans les Mathematiques fans les
fatiguer, leur en enfeigner peu à la fois,

XXXVII.
Methode
d'enfei-
gner la
jeuneffe.

les

les faire repasser ∙ sur les mêmes leçons &
ne les pousser à des suivantes qu'apres
qu'ils se seroient rendu les précedentes
tout-à-fait familieres. Il les leur faudroit
enseigner avec un Esprit de douceur, &
leur faire regarder ces leçons ¡comme un
honneur dont on recompenseroit le reste
de leurs occupations ; car en même tems
on leur feroit aussi apprendre les Langues,
on les pousseroit dans l'Histoire, on y join-
droit ensuite la Philosophie, & à mesure
qu'ils avanceroient en âge on avanceroit
chez eux les Mathematiques* & les autres
Sciences en même tems.

Ce mêlange produiroit deux excellens
effets ; il empêcheroit qu'on ne se livrât uniquement à des Theories, & que la societé
ne perdît, par là, le grand fruit qu'elle
peut tirer de plusieurs excellens Genies qui,
enfoncés dans leurs speculations, rompent
en quelque forte tout commerce avec les
autres hommes. Et d'un autre côté je ne
pense pas que les Mathematiques y perdis-
fent rien ; car non seulement les Sciences
s'entr'aident les unes les autres, mais de
plus la varieté des occupations, & en particulier le commerce du monde, donne
des forces à l'Esprit humain ; il lui en revient deux avantages, l'un de composer
en moins de temps, l'autre de donner à
ces compositions un tour plus vif & d'une
plus grande netteté : au lieu qu'un genie
borné à une seule Science, & affaissé par la
retraitte, travaille avec plus de lenteur, &
ne laisse pas de donner des Ouvrages plus

im-

imparfaits; ils font certainement plus fombres. Si les fiecles précedens ne fourniffent pas des exemples de cet heureux affortiment des Mathematiques avec le refte des Sciences & des belles Lettres, le nôtre en prefente qui fautent aux yeux. Des genies du premier ordre renferment tout ce que les Mathematiques ont de plus profond & de plus fin, & tout ce que l'Eloquence a de plus jufte, de plus délicat, & de plus fublime.

CEUX qui voudront fe donner la peine de lire attentivement l'Effai que je joins à ce Difcours, & de le comparer fans prevention avec les règles de la *Grammaire*, qui font prefque l'unique étude de la plûpart des enfans, fe convaincront aifément que mon *Arithmetique demontrée* roule fur des principes plus fimples, & d'une application plus aifée, & beaucoup moins embarraffée d'exceptions & de varietés, que ce qu'on eft en poffeffion de faire regarder comme l'occupation la plus à portée de l'enfance.

XXXVIII.
Avis fur l'Effai fuivant.

Je ne tire mes preuves ni de l'*Algebre* ni des *Elemens de Geometrie*. Je pofe pour unique fondement la *nature du Nombre*, & de ce feul principe en allant de conféquences en conféquences, naturelles & immédiatement tirées les unes des autres, on voit naître tout ce que j'établis.

Je ne diftingue point la Règle de Trois en *Directe*, & *Indirecte*; j'ai trop remarqué combien cette diftinction embrouille non feulement les commençans, mais ceux-là-

là-même qui sont avancés. La nature de la Règle de Trois, telle que je l'expose, conduit d'elle-même à resoudre *toute sorte de cas* par la seule voye *directe*; & c'est accoutumer la jeunesse à l'embarras que de la former à la multiplicité quand la necessité n'y oblige pas. La Methode dont je me sers pour arranger les termes, outre qu'elle sert à rendre familiere la nature de la Règle & sa demonstration, me paroît de plus très propre à exercer le jugement; & cet arrangement de termes qui doit préceder l'operation est sans contredit plus aisé à faire, que de demêler, suivant la Methode ordinaire, les cas où l'on a besoin de la Règle *Indirecte*, d'avec ceux qui peuvent se resoudre par la *Directe*. Comme j'ai voulu m'assurer par l'experience de tout ce que je conseille, je donnerai encore un avis à ceux qui enseignent. C'est d'aller soigneusement par degrés, des exemples plus simples aux plus composés, & de faire appliquer à tous les exemples la demonstration de la règle generale, jusques à ce qu'on se la soit entierement renduë familiere; c'est de quoi on doit se faire une Loi indispensable. Rien n'est plus propre que cette Methode pour former l'Esprit à l'attention. Or tout dépend de l'attention, & peut-être ne s'éloigneroit-on pas de la verité, en disant que la difference des grands Genies d'avec les mediocres consiste en ce que les uns sont capables, sans effort penible, d'une attention vive & soûtenuë, pendant qu'une attention mediocre

lasse

laſſe incontinent les autres. L'habitude peut
ici extremement ſuppléer au naturel.

Je ne traite point dans cet *Eſſai* des Ré-
gles de *Fauſſe Poſition* non plus que de l'*Extraction des Racines:* C'eſt, comme je l'ai
dit, cauſer un grand préjudice à la Jeuneſſe, que de l'accoûtumer à pratiquer, ſans
comprendre clairement les raiſons de ce
qu'elle fait; c'eſt même un temps perdu,
puiſque ces ſortes de pratiques ſont d'abord
oubliées. Une mediocre teinture d'Algebre
(qui n'eſt point ſi épineuſe qu'on ſe
l'imagine, & dont le nom épouvante ſans
fondement) rendra ces pratiques aiſées;
& pourquoi prendrois-je de grands détours,
pour faire comprendre dans cet *Eſſai*, tout
ce que je demontrerai dans un autre beaucoup plus ſimplement & plus naturellement?
On peut aller loin avec les ſeules règles de
celui-ci. Si le Public en eſt ſatisfait, ou ſi
je ſai venir à bout de me corriger des défauts qu'on y trouvera, je continuerai d'en
donner d'autres dans l'ordre qui me paroît
le plus proportionné à la portée des commençans, & le plus propre à faciliter leurs
progrès. Il ſeroit à ſouhaiter qu'une main
plus habile eut travaillé à cet Ouvrage.
Mais les Mathematiciens du premier ordre penſent plus à enrichir cette Science
de profondes découvertes, qu'à rendre plus
facile & plus net ce qu'on a déja trouvé;
je n'ai garde de les blâmer, car peut-être
ferois-je la même choſe, ſi j'étois à leur
place; & je me trouverai fort content ſi,
pendant que j'admire leurs ſublimes re-

E cher-

cherches, & que je les felicite de leurs
heureux fuccès, ils agréent les foins que
je me donne pour applanir dans l'Efprit
de la Jeuneffe un chemin à leurs favantes
inftructions.

ARITHMETIQUE
DEMONTRE'E
PAR SES
FONDEMENS NATURELS.

CHAPITRE PREMIER.
De l'Arithmetique en general.

 'ARITHMETIQUE roule sur les *nombres* : voila pourquoi tout ce qu'on y demontre doit se deduire de la nature des nombres, car toutes les proprietez des choses font des suites de leur nature.

Le *Nombre* est un amas d'unités.

Puisque le *Nombre* n'est autre chose qu'un *amas d'unités*, toute operation sur les nombres consistera à augmenter ou à diminuer l'assemblage des unités.

L'operation qui augmente l'amas s'appelle *Addition*, & celle qui le diminue s'appelle *Soustraction*.

LES signes qui marquent les amas d'unités s'appellent *Chiffres*. On n'en a pas autant que de nombres, parce qu'il n'y auroit point de memoire assez forte pour les retenir, non plus que d'imagination assez feconde pour les inventer.

On a donc eu recours, pour exprimer toutes fortes de nombres, à un artifice qui

I.
Arith-
metiçue.

II.
Chiffres.

est le fondement de toute l'Arithmetique. On divise les amas d'unités en colomnes, en allant de la droite à la gauche, en sorte que le chiffre de la premiere colomne n'aille pas au delà de neuf, celui de la seconde au delà de neuf dixaines, c'est-à-dire nonante.

Les Centaines se mettent de la même maniere dans la troisiéme colomne que les dixaines dans la seconde, & que les mille dans la quatriéme; & par là une unité de chaque colomne en vaut dix de celle qui la précede immediatement à la droite.

Cette maniere de compter nous est venue des Arabes, & c'est par cette raison qu'on commence par la droite & qu'on avance vers la gauche; c'est la maniere d'écrire des Arabes aussi bien que du reste des Orientaux. Cette maniere de ranger les chiffres a encore cette commodité pour nous qu'en commençant suivant notre coutume par la gauche nous nommons le premier celui des nombres, qui est d'une plus grande valeur.

III.
Maniere
de les dif-
poser.

L'AMAS de septante mille, de huit mille, de cinq cens, de quarante, & de six unités, que j'exprime un peu plus briévement en disant septante huit mille cinq cens quarante six pour être mis en chiffre, demande une colomne pour les unités, une pour les dixaines, une pour les centaines, une pour les mille, une enfin pour les dixaines de mille.

Cinq

Bilions	Centaines de Millions	Dixaines de Millions	Millions	Centaines de mille	Dixaines de mille	Mille	Centaines	Dixaines	Unitez
5	2	8	6	7	9	5	4	6	3
Cinq Bilions	Deux Cens	Huitante	Six millions	Sept Cens	Nonante	Cinq mille	Quatre cens	Soixante	Trois.

Quand une perſonne commence à s'inſ-
truire de l'Arithmetique, & qu'on lui propoſe d'écrire un grand nombre ; comme de
deux cens vingt & trois trillions, quatre
cens cinquante & ſept bilions, huit cens
ſeptante deux millions, ſept cens ſoixante
quatre mille, trois cens nonante ſept : il
ſe trouve comme étourdi ſous cette demande. L'on donne donc des regles pour en
faciliter l'exécution ; celle-ci me paroît la
plus ſimple. Il faut écrire en chiffres les
nombres qui deſignent les trillions, qui ſe-
ront ici 223. Il faut de même écrire ceux
qui marquent les bilions qui ſont 457. de

E 3

là

là paſſer à 872. millions, puis aux mille, 764. & enfin aux unités, 797. & ranger tous ces chiffres dans la même ligne en commençant à la gauche l'on aura 223. 457. 872. 764. 397. qui eſt la ſomme qu'on propoſoit pour exprimer en chiffre.

IV.
Avis.

Sɪ l'on a pour diſciples des jeunes gens que cette pratique embaraſſe, l'on peut ſurement s'en paſſer ; qu'on les accoûtume ſeulement à operer ſur des nombres moins grands : Après qu'ils ſe feront rendus la generation des nombres & les premieres regles familieres par l'uſage, ils viendront à bout, d'eux-mêmes & ſans aucune peine, des ſommes plus compoſées. Je n'approuve pas qu'on retarde, ſans neceſſité, les commençans par des preliminaires, qui le plus ſouvent ſont ennuyeux, & qui par là rebutent ; c'eſt un reſte du *Pedantiſme* & de la *Lanternerie* des *Præcognita* de l'Ancienne Ecole.

CHAPITRE SECOND.

De l'Addition.

I.
Pratique.

L'Aᴅᴅɪᴛɪᴏɴ ſe fait de cette maniere ; il faut diſtribuer les ſommes à ajouter, en colomnes, en ſorte que les unités ſoient miſes ſous les unités ; & les dixaines ſous les dixaines, & ainſi du reſte.

On ajoute les unités avec les unités en commençant de la droite à la gauche.

On écrit le nombre d'unités qui ne va

pas

pas à une dixaine fous la premiere colomne, & les dixaines reftantes dont on a feparé ce nombre, fe joignent avec les dixaines
de la feconde, & ainfi des autres.

VOUS vous affurerez d'avoir ajouté jufte, & atteint la fomme que vous cherchiez
lors qu'après avoir commencé de calculer
attentivement de bas en haut, en calculant
une feconde fois de haut en bas, vous trouverez derechef la même fomme, car la verité eft fimple & uniforme, & l'erreur va-
rie extrémement, de forte qu'il eft difficile
de tomber précifement dans la même erreur
par differentes voies.

C'eft par cette raifon que non feulement
dans les additions des grandes fommes,
mais en général dans toutes les autres operations d'Arithmetique qui font difficiles,
par elles-mêmes ou par leur longueur ; trois
ou quatre perfonnes travaillent, & que ce
que trois contre un ont trouvé uniformé-
ment, & même deux contre un, paffe pour
fûr.

II.
Preuve.

J'ai à ajouter	6787
avec	9596
& avec	7859
enfin avec	8418
	32660

III.
Exemple.

Je dis 8 & 9 font 17. 17 & 6 font 23. 23
& 7 font 30. Je n'ai aucun chifre qui feul
vaille 30. mais comme 30 c'eft 3 dixaines,
je garde ces 3 dixaines pour la colomne fuivante, & je marque o fous les unités ; E-
crivant donc o & retenant 3, je dis 3 & 1

E 4 font

font 4. 4 & 5 font 9. 9 & 9 font 18. 18 &
8 font 26. ces 26 font 26 dixaines. J'en
pofe fix fous la colomne des dixaines &
j'en garde 20 pour les changer en 2 centaines. Je dis donc, pofe 6. & retiens 2. pour
la colomne fuivante, & je dis 2 & 4 font 6.
6 & 8 font 14. 14 & 5 font 19. 19 & 7
font 26. De ces 26 centaines, j'en pofe 6
fous la 3e. colomne & j'en garde 20 qui
valent deux mille pour les joindre aux milliers de la 4e. colomne ; je dis donc, pofe 6
& retiens 2. 2 & 8 font 10. 10 & 7 font
17. 17 & 9 font 26. 26 & 6 font 32. que
j'écris , favoir 2. fous les mille, & 30
dans la colomne fuivante qui eft des dixaines de mille.

L'on change donc à chaque fois les dixaines en unités, pour les placer avec les unités de la colomne fuivante, car dans chaque colomne chaque 1 en vaut 10 de ceux
de la colomne qui précede à la droite.

Je recommence l'operation en procedant
de haut en bas, & je dis 7 & 6 font 13;
13 & 9 font 22; 22 & 8 font 30. pofe 0 &
retiens 3. 3 & 8 font 11. 11 & 9 font 20.
20 & 5 font 25 &c.

Si j'arrive à la même fomme 32660 par
la feconde methode, comme par la premiere je conclus que j'ai bien operé.

Premier Exemple.	Second Exemple.
352	560800
426	370800
778	960800
	1892400

Dans

Dans le premier de ces exemples, j'assemble fimplement les unités avec les unités, les dixaines avec les dixaines, les centaines avec les centaines. Dans le fecond je commence par la troifiéme colomne, mais puis qu'elle contient des centaines, je la fais préceder de deux fois o à la droite pour marquer les colomnes. Après quoi je dis 8 centaines & 8 centaines font 16 centaines, 16 centaines & 8 centaines font 24 centaines. J'en place 4 à la colomne des centaines, & j'en retiens 20 ou 2 mille pour les placer à la colomne des mille, & comme elle ne contient que des o j'y place 2, qui vaut deux mille, fans autre adjonction.

I L eft bon que ceux qui apprennent commencent à pratiquer en difant comme nous venons de faire. 2 dixaines & 5 dixaines font 7 dixaines, 8 centaines & 8 centaines font 16 centaines, 16 centaines & 8 centaines font 24 centaines. Ils fe rendront par là plus familiere la generation des nombres & les principes fur lesquels les règles font fondées. Mais dans la fuite pour abreger ils diront fimplement 8 & 8 font 16. 16 & 8 font 24, de quelle colomne qu'il s'agiffe. Ils diront de même 6 & 7 font 13. 13 & 6 font 19. pofe 9 & retiens 1. 1 & 9 font 10. 10 & 3 font 13. 13 & 5 font 18. &c.

IV.
Avertiffement premier.

QUAND les fommes font fort grandes & compofées d'un très-grand nombre de rangs comme de 20. il faut ajouter 1°. les 5 premiers rangs. 2°. les 5 fuivants 3°. les 5 troifiémes, & enfin les 5 quatriémes, & puis on joindra en une ces 4 fommes, & pour preuve, on pourra affembler les 3

V.
Second Avis.

E 5

pre-

premiers rangs avec les 2 derniers, par la premiere Addition; & le quatrieme & le cinquiéme avec le sixiéme, le dix & septié- me & le dix & huitiéme, &c. & quand par ces varietés l'on arrivera à la même somme totale l'on conclurra que l'on a bien operé.

VI. Troisiéme Avis. Pour faire les assemblages des simples unités, on compte sur ses doigts, & pour se rendre ces assemblages aisés, il faut d'a- bord reïterer les plus petits qui vont jus- qu'à 6, & les graver bien dans sa memoire, 6 fait la demi douzaine, & 6. & 6 font 12. 6 & 5 font 1 de moins, & par consequent 11. 6 & 7. 1 de plus que 12 & par conse- quent 13. 7 & 7. 2 de plus & par consé- quent 14. 8 & 7 feront 1 de plus que 14 & par consequent 15. 8 & 8, 2 de plus & par consequent 16.

Dès que l'on doit joindre un nombre a- vec 9, il ne faut qu'ôter une unité de ce second nombre pour la donner à 9 & le changer par là en une dixaine, à laquelle on joindra le reste du premier nombre. Ainsi 9 & 2 font 10 & 1. 10 & 1. font 11. 9 & 5 font 10 & 4. & 10 & 4 font 14. 9 & 7 c'est 10 & 6. qui font 16. 9 & 9 font 10 & 8. qui font 18. Par cette methode non seulement la memoire des jeunes gens re- tiendra mieux les Additions; mais de plus leur jugement se formera, & ils se rendront familiere la generation des nombres.

Dès que l'un des termes passe 10, ou un certain nombre de dixaines, il faut prendre son excès, par dessus 10, ou par dessus ce nombre de dixaines pour le joindre au ter- me suivant; 17, & 5 font 10. & 7. & 5. Or 7. &

7. & 5. font 12. donc 17 & 5 font 10 & 12.
qui font 22. 23. & 7. font 20. & 8. & 7. or
8 & 7 font 15. donc 28 & 7. font 20 & 15.
ou 20. & 10. & 5. qui font 35.

TABLE D'ADDITION.

0	1	2	3	4	5	6	7	8	9
1									
2									
3									
4									
5									
6									
7									
8									
9									

0	1	2	3	4	5	6	7	8	9
1	2	3	4	5	6	7	8	9	10
2	3	4	5	6	7	8	9	10	11
3	4	5	6	7	8	9	10	11	12
4	5	6	7	8	9	10	11	12	13
5	6	7	8	9	10	11	12	13	14
6	7	8	9	10	11	12	13	14	15
7	8	9	10	11	12	13	14	15	16
8	9	10	11	12	13	14	15	16	17
9	10	11	12	13	14	15	16	17	18

Pour s'affurer que l'on affemble jufte, l'on jettera les yeux fur la table qui eft à la page precedente.

VII.
Methode pour former la Table d'Addition.

L'un des nombres qu'il faut ajouter fe prend dans le rang fuperieur, marqué de gauche à droite par 0, 1, 2, 3, 4 &c. L'autre fe prend dans la premiere colomne de la gauche, marquée de haut en bas par 0, 1, 2, 3, 4, 5, 6, &c.

La fomme fe trouve enfermée dans la cellule qui eft tout enfemble vis à vis du nombre de la colomne perpendiculaire, & vis à vis du nombre du rang fuperieur. Ainfi vis à vis de 5 dans l'une & de 3 dans l'autre, je trouve 8. c'eft-à-dire que fi depuis 3 je compte en allant de gauche à droite 5 cellules, je trouverai celle qui renferme 8; ou fi depuis 3 je defcens de 5 cellules je trouverai encore 8. Ainfi vis à vis de 7 & vis à vis de 4, je trouve 11.

Pour former cette table, après avoir tracé un quarré dont chaque côté eft divifé en 10 parties égales, & tiré des lignes droites de divifion en divifion, j'écris d'abord dans le rang d'en haut 0, 1, 2, 3, 4, 5, 6, 7, &c. J'en fais de même à la colomne de la gauche, je continue en fuite les rangs en ajoutant à chaque cellule 1. de plus qu'à fa precedente. Ces petites pratiques fervent encore à rendre familiere aux jeunes gens la génération des nombres.

VIII.
Avis.

Il eft très-important de les accoûtumer à changer les unités en dixaines, les dixaines en centaines, les centaines en mille. Voila

pour-

pourquoi s'il s'agit de la colomne de dixaines, au lieu de dire simplement, par exemple, 37 & 4 font 41. pose 1 & retiens 4 dixaines, pour les joindre aux dixaines de la colomne suivante, dans cette colomne je dis 4 dixaines & 9 dixaines font 13 dixaines, 13 dixaines & 7 font 20 dixaines, 20 dixaines & 8 dixaines font 28 dixaines, 28 dixaines & 5 dixaines font 33 dixaines. 33 dixaines & 4 font 37 dixaines, ou 3 centaines & 7 dixaines, je pose 7 dixaines, & je reserve 3 centaines pour les placer avec les centaines de la colomne suivante.

$$
\begin{array}{ccc}
5 & 4 & 9 \\
3 & 0 & 9 \\
5 & 5 & 9 \\
6 & 8 & 8 \\
4 & 7 & 2 \\
2 & 9 & 4 \\
\hline
2\ 6 & 7 & 1
\end{array}
$$

Afin que cet exercice fût plus amusant & rendît à la jeunesse les nombres plus familiers, j'avois fait graver des chifres sur des Cercles, sur des Triangles, & sur des Quarrés. Les Cercles ne valoient que des unités, les Triangles valoient des dixaines, les Quarrés des centaines. Des Cercles doubles des premiers en diametre valoient des mille; des Triangles doubles des premiers des dixaines de mille, & des Quarrés doubles des

IX.
Facilité.

des

des premiers valoient des centaines de mille : ainfi ces fix plaques

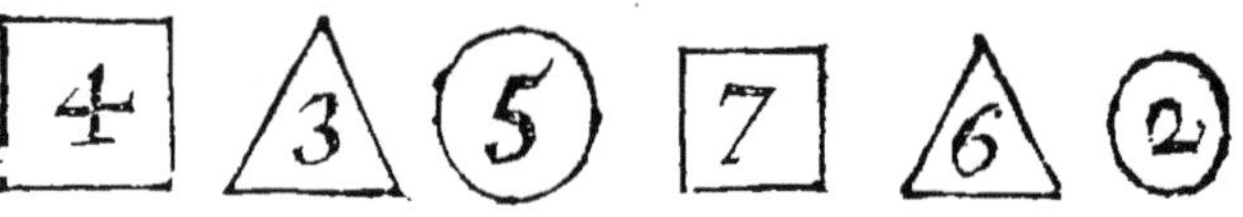

valoient quatre cens trente cinq mille, fept cens foixante & deux. Cette methode eſt propre pour former le premier âge à la génération des nombres. On peut par ce moyen leur apprendre l'Addition & la Souſtraction avant qu'ils ſachent écrire. Ceux qui voudront s'en donner le ſoin n'ont pas beſoin d'un plus grand nombre de préceptes.

CHAPITRE III.

Règle de Multiplication.

I.
Defini-
tion.

Lorsque la même ſomme doit être ajoûtée pluſieurs fois, il y a une maniere abregée de faire cette *Addition reiterée de la même ſomme* qui s'appelle *Multiplication.*

Multiplier le nombre *A* par le nombre *B* n'eſt autre choſe que de prendre le nombre *A.* autant de fois qu'il ſe trouve d'unités en *B.* Le nombre *A* s'appelle *Multiplié,* le nombre *B Multipliant,* le nombre *C* le *produit ;* le nombre *A* & le nombre *B* s'appellent auſſi *Racines.*

A

$$\begin{array}{cc} A & 5 \\ B & 3 \\ \hline C & 15 \end{array}$$

LA règle deviendra manifeste par un exemple. Soit donné le nombre 325 pour le multiplier par le nombre 736. Cela signifie qu'il faut ajouter le nombre 325, que pour abreger nous appellons A, autant de fois que l'on rencontre d'unités en 736, que nous appellons B; pour cet effet, il faut premierement ajouter 6 fois le nombre A & vous trouverez 1950; secondement il faut ajouter 30 fois le même nombre A, & pour le faire plus commodément, il faut 1°. l'ajouter 3 fois, ce qui fait 975. 2°. ajouter 10 fois cette triple somme, car 10 fois le triple, c'est 30 fois plus; 325 ajouté 3 fois donne 975, lequel nombre devient 10 fois plus grand par l'addition d'un zero, qui change la premiere colomne en dixaines, & la seconde en centaines, &c.

Le nombre 9750 contiendra donc 325, 30 fois, puisque pour le former, l'on a pris 325, 3 fois & puis 10 fois.

En troisiéme lieu il faut ajouter le nombre A sept cent fois, c'est-à-dire 7 fois, & ensuite ce septuple 100 fois; si on le prend 7 fois, on aura 2275, & par l'addition de 2 zero l'on changera les unités en centaines, & les dixaines en Milliers, &c. & ainsi l'on rendra chaque colomne centuple de ce qu'elle étoit.

Enfin je joins en une les 3 sommes 1950
9750

9750 227500, & j'ai la somme totale 239200 qui contient le nombre *A*, pris autant de fois que j'ai trouvé d'unités dans le nombre *B*. Cette marque $=$ fignifie égalité.

$$A \text{ ajouté 6 fois.}$$

A. 325
B. 736

A ajouté 7 fois

A ajouté 30 fois
$9750 = 30\,A$
A ajouté 700 fois
$227500 = 700\,A$

$$
\begin{array}{rcc}
 & A\text{ ajouté 7 fois} & A\text{ ajouté 6 fois} \\
 & 325 & 325 \\
 & 325 & 325 \\
 & 325 & 325 \\
 & 325 & 325 \\
 & 325 & 325 \\
 & 325 & 325 \\
 & 325 & \overline{\qquad} \\
 & \overline{\qquad} & 1950 = 6\,A \\
 & 2275 = 7\,A &
\end{array}
$$

$$A \text{ ajouté 3 fois}$$

$$
\begin{array}{rcl}
1950 & = & 6\,A \\
9750 & = & 30\,A \\
227500 & = & 700\,A \\
\hline
239200 & &
\end{array}
\qquad
\begin{array}{c}
325 \\
325 \\
325 \\
\hline
975 = 3\,A
\end{array}
$$

On abrege encore davantage, fi au lieu d'écrire 325 fix fois, on l'écrit fimplement une fois, & l'on place le Multipliant 6 fous la derniere colomne : Puis au lieu de dire 5 & 5 font 10, 10 & 5 font 15, 15 & 5 font 20, 20 & 5 font 25, 25 & 5 font 30; l'on dit tout d'un coup 6 fois 5 font 30, pofe 0 & retiens 3, & enfuite l'on dit, en paffant à la feconde colomne, 6 fois 2 c'eft 12, 12 & 3 que j'ai retenu font 15, pofe 5 & retiens 1. De là on vient à la troifiéme & on dit 6 fois 3 font

3 font 18 , 18 & 1 que j'avois retenu font 19. Enfin on abregera encore plus, si au lieu de Multiplications partiales on écrit tout le Multipliant sous tout le Multiplié, puis en commençant par les unités , la premiere ligne du produit commencera aussi par les unités. La seconde ligne, qui contient à sa premiere colomne les unités 5 multipliées par les dixaines 3, commencera à la seconde colomne qui contient les dixaines. La troisiéme ligne commencera par la colomne des centaines, puisque sa premiere colomne contient les unitez 5 multipliées par les centaines 7.

MULTIPLICATIONS PARTIALES.

325	325	325
6	30	700

$$1950 = 6\,A \qquad 9750 = 30\,A \qquad 227500 = 700\,A$$

MULTIPLICATION TOTALE.

$$
\begin{array}{r}
A\ 325 \\
B\ 736 \\
\hline
1950 \\
9750 \\
227500 \\
\hline
239200
\end{array}
$$

LA difference qu'il y a entre la simple Addition, & l'Addition composée, qu'on appelle *Multiplication*, consiste presque toute en

III.
Difference de l'Addition d'avec la Multiplication.

F

en ce que quand on ajoute fimplement 6,
par exemple, 4 fois; on dit, 6 & 6 font 12,
12 & 6 font 18, 18 & 6 font 24; mais lors
qu'on multiplie, l'on abrege davantage en
difant tout d'un coup 4 fois 6 font 24. 2°.
Chaque ligne du produit commence par la
colomne multipliante, parce que fi, par
exemple, le chifre qui multiplie contient
des dixaines; il change les unités en dixaines, & fi le chifre qui multiplie contient
des centaines il change les unités en centaines, &c.

IV.
Exemple. Suppose z qu'une ligne contienne l'é-
paiffeur de 28 cheveux, & un cheveu celle
de 7 fils de foye, une ligne contiendra l'é-
paiffeur de 7 fois 28 fils de foye ou de 196.

$$
\begin{array}{r}
28 \\
7 \\
\hline
196 \\
7 \\
\hline
1372
\end{array}
$$

Suppofez qu'une Loupe donne à l'œil la
force de diftinguer 7 parties fur l'épaiffeur
d'un fil de foye; l'on en pourra compter
1372 fur la longueur d'une ligne. Un pouce
contient 12 lignes, & un pied 12 pouces,
ou 12 fois 12 lignes; 12 pieds contiendront
donc 1728 lignes. Si l'on demande combien
de parties l'œil, aidé d'une Loupe, diftin-
gueroit, dans l'étendue de 12 pieds, pour le
favoir je multiplie 12 pieds ou 1728 lignes
par 1372 parties qui fe peuvent diftinguer en
chaque ligne.

12

$$12$$
$$12$$
$$\overline{}$$
$$24$$
$$12$$
$$\overline{}$$
$$144$$
$$12$$
$$\overline{}$$
$$288$$
$$144$$
$$\overline{}$$
$$1728$$
$$1372$$
$$\overline{}$$
$$3456$$
$$12096$$
$$5184$$
$$1728$$
$$\overline{}$$
$$2370816$$

On peut commencer par des exemples plus
simples, tirez des sujets familiers comme
des monnoyes. Ainsi nous comptons 3 quarts
dans ce que nous appellons un *Crutz*, un
Batz vaut 4 Crutz, un Philipe 32 Batz ; il
vaut donc 32 fois 12 quarts & pour avoir
cette somme, il faut ajouter 12, 32 fois,
en multipliant 12 par 32.

$$12$$
$$32$$
$$\overline{}$$
$$24$$
$$36$$
$$\overline{}$$
$$384$$

Il feroit fuperflu de charger mon Ouvrage d'un plus grand nombre d'exemples, celui-ci eft peut-être de trop.

LORSQUE le Multipliant contient un plus grand nombre de colomnes que le Multiplié, on opere plus commodément, fi l'on fait du Multipliant le Multiplié, & de celui-ci le Multipliant. Je veux prendre 24, 3674 fois.

v.
Le Multiplié peut fervir de Multipliant.

Au lieu de multiplier   24
           par 3674
    je multiplie 3674
           par   24

Ces deux operations aboutiffent au même produit.

$$
\begin{array}{rr}
3674 & 24 \\
24 & 3674 \\
\hline
14696 & 96 \\
7348 & 168 \\
\hline
88176 & 144 \\
& 72 \\
\hline
& 88176
\end{array}
$$

On comprend aifément que c'eft tout un de multiplier A par B, ou B par A, car fi A eft plus grand que B, quand je multiplie A par B j'ajoute un plus grand nombre; mais je l'ajoute non fuivant la grandeur de A, mais fuivant celle de B, c'eft-à-dire, je l'ajoute d'autant moins, que B eft plus petit que lui; au lieu que fi je multiplie B par A,

j'ajoute

j'ajoute le petit *B*, non fuivant fa petiteffe, mais fuivant la grandeur de *A*. Autant que *A* eft plus grand que lui autant je l'ajoute plus de fois que je n'avois fait *A*.

Dans le premier cas à mefure que *A* eft plus grand que *B*, je l'ajoute moins de fois, dans le fecond à mefure que *B* eft plus petit que *A* je l'ajoute plus de fois. Autant que *B* eft au deffous de *A*, d'autant moins l'addition de *A* fe reïtere; autant que *B* eft furpaffé de *A*, d'autant plus l'addition de *B* fe réïtere.

Quand j'ajoute 12, 3 fois, j'affemble 12 unités avec 12 & encore avec 12, & j'ai 12 & 12 & 12. Quand j'ajoute 3, 12 fois, je pofe la premiere unité de 3. 12 fois, la feconde 12 fois, la troifiéme 12 fois, voila donc 12 & 12 & 12.

De même dans l'exemple ci-deffus quand j'ajoute 3674. 24 fois, j'affemble 3674 unités, & cet affemblage je le réïtére 24 fois : Et quand j'ajoute 24, 3674 fois, je pofe la premiere unité de 24, 3674 fois, voila déja 3674 unités, je pofe autant de fois la feconde, autant de fois la troifiéme, & ainfi jufqu'à la vingt & quatriéme. Voilà donc 3674 unités pofées 24 fois, car je fais 24 pofitions, dans chacune defquelles je pofe 3674.

Qᴜᴀɴᴅ le rang multipliant contient quelques zero, il n'y a qu'à placer un o dans le produit, vis à vis du zero du Multipliant, & de là paffer immédiatement au nombre qui fuit à la gauche.

VI.
Abregez.

Quand le Multiplié & le Multipliant finiffent par des zero, pour abreger il n'y a qu'à placer à la droite autant de zero qu'il y

F 3

en

en a de fuite dans le Multiplié & le Multipliant, puis continuer la Multiplication des
nombres qui ont de la valeur, car chaque
zero du Multipliant fait une colomne de zé-
ro dans le produit, & chaque zero du Multiplié en fait une auffi ; puifque o multiplié
par 3 & 4, &c. ne donne que o, & que 3 &
4, &c. multiplié par o, ne donne encore
que o.

EXEMPLE.

$$
\begin{array}{r}
52700 \\
30400 \\
\hline
21080000 \\
15810 \\
\hline
1602080000
\end{array}
$$

VII.
Methode.   IL faut commencer par fe rendre bien familieres les fimples Multiplications, j'appelle *fimples Multiplications*, celles d'un nombre qui n'excede pas 9, par un autre qui ne
va pas non plus au delà de 9, comme 4 fois
5, 7 fois 8, 9 fois 9.

D'abord on multipliera un même nombre
par tous les autres jufqu'à 9 ; ainfi une fois
un, c'eft un, deux fois un, c'eft deux, trois
fois un, c'eft trois, neuf fois un c'eft 9. Enfuite l'on dira une fois deux, c'eft deux,
deux fois deux, c'eft quatre, trois fois deux,
c'eft fix, &c. On parcourra par ordre tous
les nombres de cette maniere ; une fois neuf
c'eft neuf, deux fois neuf c'eft 18, trois fois
neuf c'eft 27, &c.

On

On se facilitera ces multiplications, en se souvenant que ce sont des Additions, & en repetant ce que nous avons dit sur l'Addition simple. Ainsi quand je sais que 3 fois 8 font 24, je sais que 4 fois 8 c'est 24 & 8, & par conséquent 20, 4 & 8. 4 & 8 font 12, donc 20, 4 & 8 font 20 & 12 ou 32.

Il faut remarquer qu'il y a bien de la différence entre dire 7 & 1 & 7 fois 1, car 7 & 1 c'est 1 joint avec 7, au lieu que 7 fois 1, c'est 1 ajouté 7 fois, & par conséquent 1 joint avec 6. De même 7 & 2 font 9, mais 7 fois 2 c'est 2 ajouté 7 fois consecutivement, & par conséquent 2 joints à 12, comme 12 est 2 joints à 10.

On a d'autres aides pour les grands nombres, une paire de 5 vaut 10, ainsi 4 fois 5 feront 2 dixaines ou 20, 7 fois 5 feront 3 dixaines & 5, ou 35; une douzaine c'est 10 & 2; deux douzaines c'est donc 20 & 4; trois douzaines 30 & 6; quatre douzaines 4 fois 10 & 4 fois 2 ou 48; cinq douzaines 5 fois 10 & 5 fois 2 ou 60. Une paire de 6 c'est une douzaine, ainsi 4 fois 6 font 20 & 4, ou 24; 7 fois 6 font 3 paires de 6 & de plus 6, ou 36 & 6, ou 42; 9 fois 6 c'est 8 fois 6 & 6, ou 4 paires de 6 & 6 ou 48 & 6, où 54.

Dès que l'on se sera rendu familiere la Multiplication des 6, on passera à celle des 7, à laquelle la précédente servira d'aide, car quand je sais que 7 fois 6 font 42, je sais aussi que 7 fois 7 feront 7 de plus, & par conséquent 42 & 7, ou 49. Si je sais que 9 fois 6 font 54, je saurai que 9 fois 7 feront 9 de plus, & par conséquent 54 & 9 ou 63. Car 7 fois 1 c'est 6 fois 1 & 1. 3 fois 7,

F 4

c'est

c'eſt donc 3 fois 6 & 3 ; 8 fois 7, c'eſt 8 fois 6 & 8.

Comme 8 eſt égal à 10 moins 2, 3 fois feront 3 fois 10 ou 30 moins 3 fois 2, c'eſt-à-dire 30 moins 6 ou 24, 8 fois 8 feront 8 fois 10 ou 80 moins 8 fois 2, ou moins 10 & 6, ou 70 moins 6, ou 64.

Par la même raiſon 2 fois 9 feront 2 fois 10 moins 2, ou 18, 7 fois 9 feront 7 fois 10 ou 70 moins 7, ou 63.

De cette maniere l'eſprit s'exercera, & prendra du goût & de la force ; on ſe rendra toujours plus familiere la génération des nombres & l'on ſe diſpoſera à comprendre aiſément les Demonſtrations de l'Arithmetique fondées ſur cette génération. On voit bien qu'il ne faut pas donner à des enfans toutes ces pratiques dans une leçon, il faut attendre que l'une ſoit tout-à-fait familiere avant que de paſſer à l'autre.

Pour s'aſſurer que l'on a multiplié juſte, l'on jettera à chaque fois les yeux ſur la Table ſuivante qu'il eſt bon de former ſoi-même.

VIII.
Conſtruc-
tion d'une
Table.

On diſtribuera un quarré en 81 cellules; on chifrera le rang ſuperieur, & la premiere colomne de la gauche ſuivant la ſuite des nombres 1, 2, 3, 4, &c. le rang ſuperieur contiendra 1, multiplié par 2, par 3 & par 4, &c.

Le ſecond rang contiendra 2, multiplié par 1, puis 2 ajouté 2 fois, &c. pour cet effet on remplira les cellules en commençant par la premiere de la gauche, & l'on ajoutera ce premier chifre de la gauche une fois de plus à chaque repriſe. Ainſi quand je ſerai à la ſeptiéme, je dirai 7 & 7 font 14, puis 14 & 7 font 21 ; c'eſt la troiſiéme cellule

lule de ce rang. 21 & 7 font 28, c'eft la quatriéme cellule. De cette maniere chaque cellule fe trouve vis à vis d'un nombre du rang
fuperieur, & vis à vis d'un nombre de la premiere colomne de la gauche, & chaque cellule contient le produit des deux nombres
vis à vis defquels elle eft placée.

Dans la colomne de la gauche une premiere cellule fe trouve vis à vis de l'unité;
celle qui la fuit eft double & fe trouve vis à
vis de deux en la comparant avec les cellules du rang fuperieur; la fuivante eft triple
& fe trouve vis à vis de 3.

T A B L E

DE MULTIPLICATION ET DIVISION.

1	2	3	4	5	6	7	8	9
2	4	6	8	10	12	14	16	18
3	6	9	12	15	18	21	24	27
4	8	12	16	20	24	28	32	36
5	10	15	20	25	30	35	40	45
6	12	18	24	30	36	42	48	54
7	14	21	28	35	42	49	56	63
8	16	24	32	40	48	56	64	72
9	18	27	36	45	54	63	72	81

Il y a

IX.
Multipli-
cation par
les doigts.

Iʟ y a une maniere de multiplier affez commode qui fe fait par les doigts. 1°. Le nombre multiplié fe compte fur la main *droite*, & le multipliant fur la main *gauche*. 2°. Autant que le *multiplié* contient d'unités par deffus 5 autant on leve de *doigts* de la *droite*, & les autres reftent fermés, & autant que le *multipliant* contient d'unités par deffus 5 autant on leve de *doigts* de la *gauche*. 3°. Pour avoir le *produit* on change les *doigts levez* en autant de *dixaines*, & l'on *ajoute* à la fomme de ces dixaines le *produit des doigts fermés* de la *droite*, par les doigts *fermés* de la *gauche*. Si donc je multiplie les 5 doigts fermés d'une main par les 5 doigts fermés de l'autre, j'aurai 25. mais fi je multiplie 6 par 5 je leve *un* doigt dans la *droite*, & puis que la droite contient 6, & qu'il y a 4 doigts fermés, le doigt levé vaut 2, & le nombre marqué fur la droite fignifie 4 plus 2.

Je multiplie donc 4 plus 2 de la droite, par les 5 fermés de la gauche, 5 fois 4 font 20, & 5 fois 2 font 10. Ainfi le doigt levé eft compté pour une dixaine, à laquelle on ajoute le produit des doigts fermés ; car 4 fois 5 font 20, ajoutez-y la dixaine du doigt levé, vous aurez en tout 30. Si j'ai à mul- tiplier 8 par 5, comme 8 furpaffe 5 de 3 uni- tés je leve 3 doigts dans la droite ; il en refte deux de fermés ; il faut donc que pour fai- re 8 les doigts levez vaillent chacun deux. Ainfi je multiplie 2 & 6 par 5, or 2 fois 5 font 10, & 6 fois 5 font 30 ; chaque doigt levé valant 2, fi on le multiplie par 5 il donnera 10, par conféquent autant de doigts levés autant de dixaines, il y en a 3, c'eft
30,

30, cela fait 3 dixaines, auxquelles l'on joint le produit des doigts fermés, qui est le produit de 2 par 5.

Mais si j'ai à multiplier 6 par 6, dans chaque main je leve un doigt & par conséquent j'ai à multiplier   4 & 2

par 4 & 2

16 & 8 & 4
& 8

Cela, comme il se voit, me donne 4 produits, 16 est le produit des doigts fermés, les trois autres valent 20 ou 2 dixaines, c'est-à-dire, autant de dixaines qu'il y a de doigts levés ; & la raison en est qu'en multipliant 2 par 4, j'ai 10, moins 2, en multipliant 4 par 2 j'ai de même 10, moins 2. Les 2 produits montent donc à 20 moins 4, mais ce 4 qui manque pour faire les 2 dixaines, est précisément reparé par la multiplication des doigts levés qui valent 2 chacun.

Si je dois multiplier 8 par 7, je leve 3 doigts dans la main droite & 2 dans la main gauche, il reste dans l'une 2 & dans l'autre 3 doigts fermés, j'ai donc à multiplier 6 & 2

par 4 & 3

ce qui donne 24, & 8, & 6
& 18

6 est le produit des doigts fermés, les autres 3 font 5 dixaines, autant qu'il y a de doigts levés ; dont la raison est qu'en multipliant 5 par 6 j'ai 3 dixaines, & par conséquent en

mul-

multipliant 3, ou 5 moins 2, par 6, j'aurai
3 dixaines, moins 6 fois 2, ou moins 12. Si
je multiplie 5 par 4, j'aurai 2 dixaines, donc
fi je multiplie 2, ou 5 moins 3, par 4 j'aurai 2 dixaines moins 4 fois 3, ou moins 12;
or ce qui manque, favoir, 2 fois 12, pour
faire les 5 dixaines fe repare par la multiplication des doigts levés qui valent dans la
droite 6 & dans la gauche 4.

Si j'ai à multiplier 9 par 9, je leve dans
chaque main, 4 doigts ; je multiplie donc

$$
\begin{array}{r}
8 \ \& \ 1 \\
\text{par } 8 \ \& \ 1 \\
\hline
64 \ \& \ 8 \ \& \ 1 \\
\& \ 8 \\
\hline
\end{array}
$$

1 eft le produit des fermés, les autres montent à 80 ou 8 dixaines, autant qu'il y a de
doigts levés ; car fi je multiplie 5 par 8, j'aurai 4 dixaines, donc fi je multiplie 1, ou 5
moins 4 par 8, j'aurai 4 dixaines moins 4
fois 8, ou moins 32, or ces 2 fois 32 qui
manquent aux 8 dixaines fe fuppléent par 64
produit des doigts levez, puifque chaque
doigt levé vaut 2, & que 4 doigts levez valent 8.

**X.
Compa-
raifons du
Multi-
pliant &
du Multi-
plié.**

Autant de fois que l'unité eft contenuë dans le Multipliant *B*, autant de fois
on reïtere l'addition du Multiplié *A*, pour
en faire le produit *C*, ainfi l'unité eft contenue en *B* comme *A* en *C*, ce que l'on exprime ainfi 1. *B* :: *A*. *C*.

L'unité eft contenuë dans le multipliant
autant

sutant de fois que le multiplié est contenu dans le produit.

$$1. \quad B. \qquad A. \qquad C.$$
$$1. \ 736 :: 325. \ 239200.$$

Par conséquent le produit *C* contient le multiplié *A* autant de fois que le multipliant *B* contient l'unité. Ce que l'on exprime ainsi.

$$C. \qquad A :: \quad B. \quad 1.$$
$$239200. \quad 325 :: \quad 736. \ 1.$$
$$B. \ 1 :: \quad C. \qquad A$$
$$736. \ 1 :: \ 239200. \ 325$$

Cette attention à l'ordre qui regne dans la Multiplication, conduit de lui-même à l'intelligence des *Proportions*, il en fait naître & il en éclaircit l'idée.

CHAPITRE IV.

Examen de l'Addition en ôtant les Neuvaines.

POuʀ le demontrer par ses fondemens, il faut premierement remarquer que toute erreur procede d'inadvertence, car l'erreur nous surprend malgré nous, & sans que nous y prenions garde, d'où je conclus qu'il arrive difficilement que l'on se méprenne d'une neuvaine entiere, car l'erreur seroit alors trop grossiére pour ne la point remarquer. On se peut tromper de 20 ou de 30,

I.
Premier
Principe.

parce-

parceque celui qui fait une faute de 2 ou de 3 dans la colomne des dixaines se trompe de 20 ou de 30 unités, de même l'erreur peut monter à 200, 300, 3000, si l'on se trompe de 2 ou de 3 dans la colomne des centaines ou des mille.

L'operation étant achevée, si elle contient quelque erreur, cette erreur ne sera pas d'une neuvaine entiere, ou de plusieurs neuvaines précisément, car nous supposons que cela ne peut arriver, & ce sera la premiere conclusion.

II.
Second
Principe. J'AI fort bien operé si la somme D vaut autant seule que les trois premieres $C. B. A.$

EXEMPLE PREMIER.

$$A. \; 5 \; 3 \; 7 \; 9$$
$$B. \; 6 \; 4 \; 2 \; 8$$
$$C. \; 3 \; 6 \; 7 \; 3$$
$$\overline{D. \; 1 \; 5 \; 4 \; 8 \; 0}$$

EXEMPLE SECOND.

$$A. \; 5 \; 3 \; 7 \; 9$$
$$B. \; 6 \; 4 \; 2 \; 8$$
$$C. \; 3 \; 6 \; 7 \; 8$$
$$\overline{D. \; 1 \; 5 \; 4 \; 8 \; 5}$$

III.
Troisiéme
principe. CES 3 sommes qu'il faut ajouter consistent précisement en plusieurs neuvaines sans résidu, ou avec quelque résidu. Dans le premier cas, la somme totale D, doit être composée précisément de neuvaines, car si outre les neuvaines elle contenoit quelque résidu,

les

les 3 premieres fommes qui ne contenoient que de neuvaines feroient differentes de la fomme totale *D*.

Mais fi les trois fommes contenoient outre plufieurs fois 9 quelque refte ; la fomme totale devra contenir le même refte ; autrement elle feroit plus grande ou plus petite que les trois precedentes, fuivant que le refidu feroit plus grand ou plus petit que le refidu des trois precedentes.

IL refte à expliquer la methode d'ôter promptement & furement les neuvaines de chaque fomme autant de fois qu'il fe pourra.

IV.
Methode abregée d'ôter les neuvaines.

Pour la trouver, remarquez que fi vous ôtez 9 de 20, il reftera 2, parceque 20 contenant 2 fois 10 il contient 2 fois 9 & de plus 2: fi vous ôtez 9 de 30 refte 3 , fi vous ôtez 9 de 60 refteront 6 , parce que 60 contenant 6 fois 10, il contient 6 fois 9 & outre cela 6 ; il faut raifonner de même pour 100, pour 1000, car 100 contenant 10 fois 10 contient 10 fois 9 & de plus 10 : Or de ce refte 10 fi j'ôte encore 9 reftera 1. 1000 contient 10 fois 100 & par conféquent 100 fois 9, & de plus 100 & de ce refte 100, fi j'ôte 9 reftera 1. 7000 contient 700 fois 9 & de plus 700 ; ce refte 700 contient 70 fois 9 & de plus 70 ; 70 contient 7 fois 9 & de plus 7 ; & ainfi 7000 contiendra plufieurs neuvaines exactement, & pour reftant précifément 7, & l'on peut pofer ce Theorême univerfel.

Toute fomme dont le dernier chiffre du côté gauche eft de quelque valeur, & dont les autres du côté droit ne contiennent que des zero, après qu'on en aura deduit les neuvaines, aura

pour

pour restant la valeur de ce dernier chifre qui est à la gauche.

V.
Application.

Si j'ôte 9 de 5000 autant de fois qu'il se peut, restera 5, de 300 restera 3, de 70 restera 7, de 9 restera rien, donc 5, 3, 7, 9 resteront

$$5$$
$$3$$
$$7$$
$$\overline{}$$
$$15$$

& si de 15 j'ôte encore 9 restera 6, de 6428 resteront 6 & 4 & 2 & 8, qui ajoutés avec 6 le restant de la ligne précedente font 6, 6, 4, 2, 8; des deux premiers ôtez 9 restera 3; or 3, 4 & 2 font 9, donc de ces 5 colomnes 6. 6. 4. 2. 8. ôtant 9 restera 8. Si à ce reste de *A* & de *B* j'ajoûte celui de *C* dans le premier exemple, il ne restera rien après avoir ôté 9, & il ne restera rien, non plus dans cet exemple après avoir ôté 9 de la somme *D*, mais dans le second exemple le reste des trois sommes *A*. *B*. *C*. est 5, & 5 est aussi le reste de la quatriéme *D*.

C H A·

CHAPITRE V.

Examen de la Multiplication en ôtant les neuvaines.

$$
\begin{array}{cr}
A & 98 \\
B & 3 \\
\hline
C & 294
\end{array}
$$

1°. CELUI qui multiplie *A* par *B* ajoute 3 fois ce même nombre *A*; 2°. le même nombre *A* confifte en neuvaines & en reftant, donc celui qui ajoute 3 fois le nombre *A*, ajoute 3 fois les neuvaines & 3 fois le refte du nombre *A*, d'où je conclus que fi vous avez bien operé, après avoir ôté du produit *C* les neuvaines, le nombre qui vous reftera fera le même qui refte, après avoir ôté les neuvaines du refidu du nombre *A* multiplié par 3 ; car le produit *C* eft compofé de 2 parties; la premiere qui eft le produit des neuvaines par 3 ne contient que des neuvaines, & par conféquent les deux enfemble contiendront le même refte que la deuxiéme feule.

I. Principe.

$$
\begin{array}{l}
A\ 564 \qquad \text{Neuvaines de } A\ 558 \qquad \text{refte de } A\ 6 \\
\quad\ 8 \qquad\qquad\qquad\qquad\qquad\ 8 \qquad\qquad\qquad\qquad\ 8 \\
\hline
4512 \qquad\qquad\qquad\qquad\quad 4464 \qquad\qquad\qquad\qquad 48 \\
\qquad\qquad\qquad\qquad\qquad\qquad\ 48 \\
\qquad\qquad\qquad\qquad\qquad\ \hline \\
\qquad\qquad\qquad\qquad\qquad\ 4512
\end{array}
$$

G   Les

Les neuvaines de *A* 564 montent à 558 unités qui multipliées par 8 donnent 4464, lequel produit ne contient que des neuvaines. Le reste de *A* c'est 6 qui multiplié par 8 donne 48, ôtez-en 9 autant qu'on le peut, reste 3, de sorte que si je multiplie 564 par 8, il ne me doit rester que 3, après avoir ôté les neuvaines du produit, car le produit total 4512 doit être égal aux 2 produits 4464 & 48, l'un des neuvaines, & l'autre du restant.

II. Methode.

Toutes les fois donc que vous avez à multiplier un nombre, faites 1°. autant de croix qu'il se presente de colomnes au multipliant. 2°. Otez du nombre que vous devez multiplier les neuvaines, & placez le residu dans la partie superieure de chaque croix. 3°. Dans la partie inferieure de la premiere croix, écrivez le chifre de la premiere colomne du multipliant, dans la partie inferieure de la seconde croix écrivez le chifre de la seconde colomne, & ainsi des autres; 4°. multipliez les chifres du dessus par celles du dessous, écrivez ce produit au côté gauche de la croix, & le residu du produit au côté droit, ce qu'ayant fait dans chaque croix, le residu marqué dans la premiere vous marquera le residu de la premiere ligne du produit, le residu de la seconde demontrera le residu de la seconde ligne, &c.

Le residu de la somme totale qu'on rassemble par l'addition devra être égal au residu de tous les residus précedens pris ensemble.

A 5648

$$A \;\; 5648$$
$$B \;\;\; 985$$

$$28240 \;\; \text{R. } 7$$
$$45184 \;\;\; \text{R. } 4$$
$$50832 \;\;\; \text{R. } 0$$

produit total C 5563280 R. 2

DE 5648 ſi j'ôte 9 autant qu'il ſe pourra reſte 5, 5 multiplié par 5 donne 25, dont le reſte eſt 7, équivalent au reſtant de la premiere ligne 28240. Si je multiplie 5 par 8 j'aurai 40 dont le reſtant eſt 4 égal au reſtant de la ſeconde ligne 45184. 5 multiplié par 9 ne donne aucun reſtant, il n'y en a point non plus dans la 3e. ligne, & le reſtant de la ſomme totale 5563280, ou du nombre compoſé de 7 & 4, ſe reduira à 2.

III.
Exemple.

IL eſt utile d'examiner chaque ligne en même tems qu'on l'a achevée, parceque ſi l'on attend d'examiner toute l'operation, quand elle eſt toute finie; on peut à la verité s'appercevoir que l'on s'eſt trompé, mais l'on ne ſait pas ſi c'eſt en ajoutant ou en multipliant, & ſi c'eſt en multipliant on ne ſait pas en quelle ligne, ainſi il faut tout recommencer.

IV.
Avis.

ON peut tout d'un coup examiner l'operation entiere par le retranchement des neuvaines, car les neuvaines de *A* multipliées par les 2 parties de *B*, ſavoir par ſes neuvaines & par ſon reſtant, ne donnent que des neuvaines, puiſqu'en reïterant l'addition de 9 on n'a que des neuvaines. Le reſtant de *A* multiplié par les neuvaines de *B* ne donne-

V.
Seconde
Methode.

G 2

ra

ra non plus que des neuvaines, puisque c'est tout un de multiplier un restant par des neuvaines, ou des neuvaines par un restant. Il n'y a donc que le restant de *A* multiplié par le restant de *B* qui puisse donner quelque restant. Ainsi il faut prendre le restant de *A* & le restant de *B*, les multiplier l'un par l'autre, ôter les neuvaines du produit, & le restant sera le même que celui du produit si l'on a bien operé. Les neuvaines de *A* montent à 5643. Les neuvaines de *B* montent à 981.

Les neuvaines multipliées par les neuvaines

$$5643$$
$$981$$

$$5643$$
$$45144$$
$$50787$$

forment un produit qui ne contient que des neuvaines

$$5535783$$

Les neuvaines du même multiplié *A* 5643, si on les multiplie par le reste de *B*, qui est 4, ne donneront que des neuvaines 22572. Le restant du multiplié qui est 5 si on le multiplie par les neuvaines de *B* 981, ne donnera non plus que des neuvaines 4905; Enfin le restant de *A* qui est 5 multiplié par le restant de *B* qui est 4 donne 20 4e. partie du grand produit & la seule dont il restera quelque chose après en avoir ôté 9.

Je suis donc assuré que le residu de *C* égalera ce reste, car le produit total *C*, égal à ses parties prises ensemble, ne doit non

non plus avoir que 2 pour refidu, après
en avoir ôté toutes les neuvaines.

QUOIQUE le reftant fe trouve tel que **VI.**
la regle le demande, cependant l'operation **Avis.**
pourroit être fauffe 1°. fi les colomnes ne
font pas bien difpofées; 2°. fi l'on s'eft trompé d'une neuvaine ou de plufieurs precifément; 3°. fi d'autant d'unités que l'on a fait
trop grand un nombre du produit, d'autant
d'unités precifément l'on diminue l'autre;
car il y aura double faute, & cependant la
premiere empêchera que l'on ne s'apperçoive
de la feconde, comme la feconde empêchera de remarquer la premiere, mais il arrive
rarement que 2 erreurs s'égalent précifément
ainfi, l'une dans l'excès, & l'autre dans le
defaut. Il faut être bien peu attentif pour
commettre cette double faute dans une même ligne, & fi ces erreurs qui s'obfcurcif-
fent mutuellement fe trouvent dans differentes lignes, chacune fe découvrira, fi par
notre premiere methode on fait l'examen de
chaque ligne à part.

CHAPITRE VI.

De la Souftraction.

LA Souftraction fe fait ainfi : La fomme **I.**
de laquelle il en faut ôter une autre fe **Pratique**
place dans la ligne fuperieure, celle que l'on **premiere.**
veut retrancher fe place dans la ligne inferieure, les unités fous les unités, les dixaines fous les dixaines.

G 3

On

On ôte les unités de l'inferieure des unités de la superieure, & l'on met le restant dans la colomne des unités ; on ôte les dixaines des dixaines, & l'on met le restant dans la colomne des dixaines, &c.

Exemple.

$$8695$$
$$4263$$
$$4432$$

II. **Seconde.** **Lorsque** la colomne qu'il faut soustraire est plus grande que celle de laquelle on doit la déduire, il faut 1°. ôter une dixaine de la colomne qui est immédiatement à gauche, 2°. ajouter cette dixaine avec le nombre superieur dont la valeur n'étoit pas assez grande, 3°. de cette somme ôter le nombre dont la grandeur vous embarrassoit.

$$
\begin{array}{cccc}
A. & B. & C. & D. \\
8 & 6 & 9 & 5 \\
4 & 8 & 6 & 7 \\
\hline
3 & 8 & 2 & 8
\end{array}
$$

De 5 je ne puis ôter 7, je prens donc 10 unités dans la colomne precedente *C*, & pour cet effet je change le nombre 9 en 8, puis je dis 10 unités & 5 font 15, j'en ôte 7 reste 8 ; de 8 dixaines ôtant 6 dixaines, restent 2 dixaines, mais de 6 dixaines je ne puis ôter 8 dixaines, j'emprunte donc dans la colomne *A* un qui vaut 10, c'est-à-dire, je prens dans

dans la colomne *A* un mille qui vaut 10 centaines, je les joins à 6 centaines ; & de 16
centaines, j'ôte 8 centaines, restent 8 centaines. De 7 mille j'ôte 4 mille, restent
3 mille. Dans la pratique l'on abrege & l'on
dit de 5 je ne puis ôter 7, j'emprunte fur 9
un qui vaut 10, 10 & 5 font 15, ôtez en 7,
reste 8.

On fait un point fur le 9 pour marquer fa
diminution, & l'on dit qui de 8 ôte 6 reste
2. Enfuite qui de 6 ôte 8 ne peut, j'emprunte donc fur 8 un qui vaut 10, 10 & 6
font 16, ôtez 8 restera 8. Comme la quatriéme colomne ne vaut que 7 je dis qui de 7
ôte 4 reste 3.

MAIS fi cette colomne la plus proche du
côté gauche contient un zero il faut venir à
la troifiéme, de laquelle il faudra deduire
10 dixaines, dont on laiffera tomber 9 dans
la colomne qui eſt entre deux, & il en reſ-
tera une avec laquelle vous opererez la methode propofée.

III.
Pratique troifiéme.

$$A. \quad B. \quad C.$$
$$7 \quad 0 \quad 8$$
$$3 \quad 9 \quad 9$$
$$\overline{3 \quad 0 \quad 9}$$

Je ne puis ôter 9 de 8, j'emprunterois un
valant 10, fur la colomne *B*, fi elle étoit
elle-même de quelque valeur, j'emprunte
donc dans la colomne *A* qui vaut 700 & je
la change en 6 centaines par un petit point
marquant ce changement. De ces cent ou de
ces 10 dixaines j'en laiffe tomber 9 fur la

 colom-

colomne *B* , reftent 10 unités pour joindre avec 8, or il eft évident que 600, 90, 10, & 8 égalent 700 & 8

I V.
Pratique
quatrié-
me.

A.	*B.*	*C.*	*D.*	*E.*		
8	0	0	0	6	3	*A*
4	9	0	7	6	8	*B.*
3	0	9	2	9	5	*C*
8	0	0	0	6	3	

Une unité dans la colomne *D* en vaut 10 de celles de *E* & une de *C* en vaut 100, une de *B* 1000 , & une de *A* 10000, de forte qu'en diminuant *A* de un on le diminuera de 10 mille, laiffez tomber fur *B* 9000, il vous reftera un mille, & de ces mille qui reftent, égalans 10 cens, laiffez tomber fur *C* 900, refteront 100, & de ce refte 100 laiffez tomber fur *D* 90, reftera 10 qu'on joindra avec 5, pour dire de 15 ôtez 6 reftent 9.

Examen de la Souftraction.

V.
Examen
par Addi-
tion.

VOICI en peu de mots fa demonftration : après avoir diminué le nombre *A* , par le retranchement du nombre *B* , le refte du nombre *C* doit être plus petit que le nombre *A* de la quantité *B* dont il vient d'être diminué ; cette quantité *B* eft donc la difference entre le grand nombre *A* & le petit *C* , par conféquent ajoûtez cette difference au petit vous aurez le grand, fi vous n'avez point fait de faute dans votre calcul.

$$8695 \quad A$$
$$4263 \quad B$$
$$\overline{}$$
$$4432 \quad C$$
$$\overline{}$$
$$8695$$

PUISQUE dans la Souſtraction la *ſeconde* ligne ajoutée à la *troiſiéme* fait le valeur de la *premiere*, il s'enſuit que ſi l'on *ôte* 9 autant qu'il ſe peut ôter de la ſeconde & de la troiſiéme, on aura le même reſte qu'après l'avoir ôté de la premiere.

VI.
Preuve par neuf.

CHAPITRE VII.

De la Diviſion.

DIVISER un nombre que j'appelle A par un autre que j'appellerai B, c'eſt 1°. ſouſtraire le nombre B du nombre A; 2°. marquer combien de fois on le peut ôter, ou combien de fois le nombre A contient le nombre B; 3°. ſi le nombre A contient, outre le nombre B pris pluſieurs fois, quelque reſtant, c'eſt encore exprimer ce reſte.

I.
Definition.

$$C$$
$$A \quad 14 \; (4$$
$$B \quad 3$$
$$\overline{}$$
$$2$$

Le nombre A s'appelle *Diviſé* ou *Dividende*, le nombre B *Diviſeur*, & le nombre C

G 5   qui

qui indique combien de fois le Diviseur eſt contenu dans le Diviſé, s'appelle à cauſe de cela *Quotient* , je puis ôter 3 de 14, 4 fois, & il reſte encore 2.

II.
Pratique premiere.
 L O R S Q U E le nombre qui doit être *diviſé* conſiſte en pluſieurs colomnes, dont chacune contient préciſément le *Diviſeur*, il faut chercher ſeparément, combien de fois le *Diviſeur* eſt contenu dans la premiere colomne, combien de fois dans la ſeconde, combien de fois dans la troiſiéme, &c.

A 936 (312. | 3 eſt en 9, 3 fois, en 3 une fois,
B 3   en 6, 2 fois.

III.
Pratique ſeconde.
 L O R S Q U E les colomnes du Diviſé ne contiennent pas le Diviſeur preciſément, il faut 1°. ôter le *Diviſeur* de la *premiere* autant de fois que l'on pourra, 2°. marquer le reſidu & le joindre à la *ſeconde* colomne. De même il faut ſouſtraire autant de fois que l'on pourra le *Diviſeur* de la *ſeconde* colomne, & joindre le reſidu de cette *ſeconde* colomne à la *troiſiéme*, de laquelle *augmentée* ainſi par le reſidu de la ſeconde, on deduit encore le Diviſeur : & ainſi du reſte.

$$
\begin{array}{ll}
A \ 984 \ (246 \ | & B \ 4 \\
\ \ \ 800 & \ \ \ 2 \\
\hline
\ \ \ 184 & \ \ \ 8 \\
\ \ \ 160 & \hline \\
\hline & \ \ \ 4 \\
\ \ \ 024 & \ \ \ 4 \\
& \hline \\
& \ \ 16 \\
\end{array}
$$

1°. J'écris

1°. J'écris B le Diviſeur à côté du Diviſé A. 2°. Je dis 4 en 9, y eſt 2 fois. 3°. J'ôte 4 pris 2 fois, c'eſt-à-dire 8, de 9, & ſous la premiere colomne j'écris 8. 4°. Comme 9 vaut 900, 8 dans la premiere colomne vaut 800 & 1 qui reſte vaut 100.

Je continue & je dis 1°. 4 en 18 y eſt 4 fois, 2°. je multiplie 4 par 4 & le produit 16 je l'ôte de 18, & il reſte 2 ; 3°. Comme j'ai demandé combien de fois 4 eſt en 18 dixaines, le quotient 4 vaut 4 dixaines, & le produit 16 vaut 160, 4°. j'ôte donc 160 de 184 & il me reſte 24. Dans la pratique l'on n'écrit pas toûjours les zero, mais on les ſous-entend, 8 vaut 800, 16 vaut 160, l'on dit donc de 9 j'ôte 8, & de 18 j'ôte 16.

Il faut toûjours faire des ſouſtractions, & c'eſt pour les rendre exactes que je partage 984 en 3 parties   800
160
24

DANS la premiere 4 eſt 200 fois, dans la ſeconde 40 fois, dans la troiſiéme 6 fois.

Lorſque le *Diviſeur* eſt compoſé de pluſieurs colomnes, il les faut toutes déduire d'un pareil nombre de colomnes du *Diviſé*. Par exemple, ſi le Diviſeur eſt compoſé de 3 colomnes, on deduit ces 3 colomnes des 3 premieres colomnes du Diviſé, parce que dans la même proportion que la premiere du Diviſeur ſurpaſſe la troiſiéme, dans la même proportion auſſi la premiere du Diviſé ſurpaſſe ſa troiſiéme ; Car en allant de droite à gauche les unités des colomnes croiſſent toûjours de 10 en 10. Or pour déduire
ainſi

IV.
Pratique
troiſiéme.

ainſi les 3 colomnes du Diviſeur, il faut
1°. chercher combien de fois le chifre de la
premiere colomne du Diviſeur eſt contenu
dans la *premiere* colomne du Diviſé. 2°. Il
faudra multiplier par ce Quotient toutes les
colomnes du Diviſeur ; 3°. *deduire ce produit*
des 3 colomnes du Diviſé. 4°. marquer le
reſtant s'il y en a. 5°. Si ce produit *ſurpaſſe*
les 3 colomnes du Diviſé, il faudra faire un
autre produit, en multipliant les colomnes
du Diviſeur par un Quotient *moindre* d'une
unité

D	E	F		
8	6	9	4	7 (265
6	5	6	0	0
2	1	3	4	7
1	9	6	8	0
0	1	6	6	7
	1	6	4	0
		0	0	2	7

A	B	C	
3	2	8	
		2	
	6	5	6
	3	2	8
			6
1	9	6	8
	3	2	8
			5
1	6	4	0

La *premiere* colomne du *Diviſé* contient
des dix mille, & la *premiere* du Diviſeur
des Centaines ; les unités de la colomne *A*
ſont donc 100 fois dans les unitez de la colomne *D* qui contient des Dixaines de mille, & les unités de la colomne *B* qui valent des dixaines ſont auſſi 100 fois dans les
unitez de la colomne *E* qui contient des mille, & les unités de la colomne *C* ſont 100
fois dans les unités de la colomne *F* qui contient des Centaines. Ainſi le *même nombre*
200

200 fert de *Quotient* pour toutes ; c'eft-à-dire, que comme 328 fera 2 fois en 869 ou
plutôt en 656 que l'on en retranche, ce nombre 328 fera 200 fois en 65600, c'eft-à-dire,
en 656 centaines.

Comme 3 n'eft que 2 fois en 8 je multiplie 328 par 2, & 656, produit de 328 par
2, eft, de tous les nombres contenus en 869,
le plus approchant de contenir exactement
328, j'ôte donc 656 de 869, & au refte 213
je joins les colomnes fuivantes & j'ai 21347.
Par là j'ai partagé le nombre 86947 en 2 parties ; Dans la premiere 65600, 328 fe trouve 200 fois. Je n'ai plus qu'à chercher combien il fe trouvera en 21347. De ces colomnes les 2 premieres ne paffent que pour une,
je cherche donc combien les 3 colomnes de
mon Divifeur 328 font en 2134, & comme
les 3 colomnes de mon Divifeur ne fe trouvent pas 7 fois dans cette portion de mon
divifé, je defcens à 6, & après avoir multiplié 328 par 6, j'ôte le produit 1968 de
2134, il me reftera 166, à quoi je joins la
derniere colomne 7, je cherche donc combien de fois mon Divifeur 328 fe trouve en
ce refte 1667 il s'y trouve 5 fois, j'ôte 1640
produit de 328 par 5 de 1667, il me refte 27.
Comme donc je ne pouvois découvrir tout
d'un coup combien de fois 328 étoit contenu en 86947, j'ai partagé ce nombre 86947,
1°. en 65600, 2°. en 19680, 3°. en 1640,
4°. en 27. Dans la premiere partie le Divifeur eft 200 fois, dans la feconde 60 fois,
dans la troifiéme 5 fois, & dans la derniere
il n'y eft pas, de forte que le Divifé contient le Divifeur 265 fois & outre cela 27.

J'ai

J'ai raiſonné pour faire comprendre le fondement de l'operation, mais pour la pratique, il faut 1°. écrire le Diviſeur à côté du Diviſé, 2°. dire 3 en 8 ſe trouve 2 fois le produit de 328 par 2 c'eſt 656, je l'ôte de 869 reſte 213. 3°. j'avance d'une colomne & je dis 3 en 21 ſe trouve 7 fois, mais le produit devenant trop grand je me corrige, & je dis, 328 multiplié par 6 donne 1968, je l'ôte de 2134, il me reſte 166. J'écris au Quotient 6. Puis j'avance encore d'une colomne, & je dis 3 en 16 ſe trouve 5 fois, le produit de 328 par 5, c'eſt 1640, je l'ôte de 1667, il me reſte 27. J'écris 5 au Quotient.

V.
Avertiſſement.

Iʟ eſt utile de faire ſous les colomnes du Diviſé autant de points que l'on a de colomnes dans le Diviſeur, & d'agencer toûjours le produit qu'il faut ſouſtraire en allant de droite à gauche, & en commençant au point le plus à la droite.

VI.
Exemple.

J'ai à diviſer 58796 par 87. 1°. d'un côté j'écris le Diviſé & de l'autre le Diviſeur, l'un en *A*, l'autre en *B*. 2°. Comme le chifre de la premiere colomne du Diviſeur contient plus d'unités que celui de la premiere colomne du Diviſé, je joins en un deux colomnes, & je conſidere *A* & *B* comme une ſeule. 3°. Puis que mon Diviſeur eſt compoſé de 2 colomnes, je marque 2 points l'un ſous *B* & l'autre ſous *C* : & je cherche combien de fois mes 2 colomnes du Diviſeur ſont dans les 2 premieres du Diviſé, en comptant *A* & *B* pour une. Pour cet effet je cherche 4°. combien de fois 8 eſt en 58 il y eſt 7 fois, & pour ſavoir ſi 87 eſt 7 fois
en

en 587 je multiplie 87 par 7, & le produit excedant, je multiplie derechef 87 par 6, le produit 522 se trouve en 587, j'écris donc 5°. 6 au Quotient : 6°. je souftrais 522 de 587 en commençant de poser 2 sous le dernier de mes points, il me refte 65 à quoi je joins 9, pour avoir en une seule ligne 659. 7°. Comme j'avois commencé par la colomne *B*, j'avance à la colomne *C* & je fais 2 points, l'un sous *C* l'autre sous *E*, puis je demande 8°. combien de fois 8 eft en 65 il y eft 8 fois, or pour découvrir fi 87 eft 8 fois en 659 je multiplie 9°. 87 par 8 en *D*, le produit 696 surpafle 659. Je choifis donc un nombre inferieur, & puis que j'ai déja multiplié 87 par 7 en *B*, je vois que 609 eft contenu en 659, j'écris donc 10°. 7 au Quotient & je souftráis 609 de 659 en plaçant le chifre 9 sous le dernier point. Reftent 50, à quoi je joins 6 de la colomne *F*. 11°. j'avance d'une colomne & je fais mes points sous *E* & *F*, puis je demande 8 combien de fois en 50, il y eft 6 fois, 87 eft déja multiplié par 6 en *C*, mais le produit 522 pafle 506. Je defcens donc à 5, & je multiplie 87 par 5 en *E*, le produit 435 eft contenu en 506, j'écris donc 12°. 5 dans le Quotient & j'ôte 435 de 506 reftent 71, & l'operation eft finie.

A B C

$$
\begin{array}{cc}
\begin{array}{l}
A\,B\,C\,E\,F \\
5\,8\,7\,9\,6 \quad (675 \\
5\,2\,2 \\
\hline
0\,6\,5\,9\,6 \\
6\,0\,9 \\
\hline
0\,5\,0\,6 \\
4\,3\,5 \\
\hline
7\,1
\end{array}
&
\begin{array}{rr}
B & 87 \\
 & 7 \\
\hline
 & 609 \\
C & 87 \\
 & 6 \\
\hline
 & 522 \\
D & 87 \\
 & 8 \\
\hline
 & 696 \\
E & 87 \\
 & 5 \\
\hline
 & 435
\end{array}
\end{array}
$$

VII.
Conclu-
sion.

Il faut s'accoûtumer à executer les exemples en raisonnant afin de se rendre familiere la nature de la Division, dont tout l'artifice se reduit à ceci.

Le Divisé a pour colomnes a, b, c, d, e, f, le Diviseur g, h, k, comme je ne suis pas en état de voir tout d'un coup combien de fois le nombre renfermé dans les colomnes g, h, k, est contenu dans les colomnes a, b, c, d, e, f, je divise celles-ci en plusieurs parties pour m'assurer par ordre combien de fois le Diviseur est dans chacune de ces parties.

Pour cet effet je cherche combien de fois g, h, k est contenu en a, b, c, puis en b, c, d, puis en c, d, e, puis en d, e, f; Et après ces 4 reprises, je vois combien g, h, k, est contenu en a, b, c, d, e, f.

faut

Il faut raisonner sur les premiers exemples que l'on fait avec toute l'étendue necessaire pour en comprendre très-distinctement les fondemens; après quoi la pratique n'aura rien d'embarassant.

Je veux diviser 786459 par 346.

1°. J'écris le Dividende à la gauche & le Diviseur à la droite, à quelque distance

786459	(2000	346
692000	200	2000
———	70	———
94459	3	692000
69200	———	200
———	2273	———
25259		69200
24220		346
———		70
1039		———
1038		24220
———		346
1		3
		———
		1038

2°. Comme je ne saurois deviner au juste d'un seul coup combien de fois 346 se trouve en 786459 je comprens qu'il faut distribuer le *Dividende* 786459 en diverses parties où il me soit plus facile de connoître combien de fois le Diviseur se trouvera.

3°. Je cherche combien de fois les trois colomnes qui composent le Diviseur se trouvent dans les trois premieres du Divisé.

4°. Comme 346 n'est pas trois fois en 786, & qu'il y est plus de deux fois; je com-

H

prens

prens qu'il faut partager le nombre 786 en deux parties dont l'une 692 contienne exactement deux fois le Diviseur 346, & l'autre 94 je la joindrai avec ce qui me reste du *Dividende* pour avoir 94459.

5°. Pour savoir à combien montent 346, multipliez par 2, j'en fais la multiplication: Mais comme il ne s'agit pas simplement de chercher combien de fois 346 est en 692 puisque 692 valent ici 692000 ; je dis en 692, 346 est contenu 2 fois ; Il sera donc contenu en 6920, 20 fois, car 20 est 10 fois plus grand que 2. Comme 6920, est 10 fois plus grand que 692. par une semblable raison, 346 sera contenu 200 fois, en 69200, & 2000 fois en 692000.

J'ôte donc 346 multiplié par 2000, ou 692000 de 786459 & il me reste 94459.

6°. Je cherche combien 346 est contenu en 944, je vois d'abord qu'il n'y est pas trois fois. Je prens donc 346 2 fois, & j'ai comme auparavant 692 que j'ôte de 944. & au reste 252. je joins les deux colomnes suivantes 59 pour avoir 25259.

7°. Par là j'ai partagé 94459 en deux parties, l'une est 69200 & l'autre 25259. La premiere contient exactement 346, car 346 multiplié par 2 c'est 692 ; multiplié par 20, c'est 6920 ; multiplié par 200, c'est 69200.

8°. En 2525 346 n'est pas 8 fois : Or 7 fois 346, c'est 2422. J'ôte 2422 de 2525 & il me reste 103, à quoi je joins 9 pour avoir 1039.

9°. J'ai donc partagé 25259 en deux parties, l'une 24220, & l'autre 1039. La premiere

miere 24220 contient 346 70 fois, car 2422
le contient 7 fois.

10°. Je cherche enfin combien de fois 346
eft en 1039. Il y eft 3 fois & il refte 1.

11°. J'ai donc trouvé une methode de partager 786459 en 5 parties.

La 1ᵉ. 692000, contient 346, 2000 fois.
La 2ᵉ. 69200, contient 346, 200 fois.
La 3ᵉ. 24220, contient 346, 70 fois.
La 4ᵉ. 1038, contient 346, 3 fois.
La 5ᵉ. 1, ne le contient pas

Donc ——————
La fomme 786459 contient 346 2273 fois.
& outre cela 1.

Après avoir ainfi achevé une divifion, il
faut la reïterer fans fe repeter, à chaque o-
peration, la raifon de ce que l'on fait & fans
écrire les zero; on s'accoutumera par là à
les fousentendre.

Voici la même divifion executée plus brie-
vement.

```
786459 (2273        346
692                   2
———————          ———————
  94459             692
  692               ———————
———————               7
  25259             ———————
  2422              2422
———————             ———————
   1039                3
   1038             ———————
———————             1038
      1
```

H 2   *Quoique*

Quoique mes occupations non plus que mon inclination ne me permettent pas de m'amuser à enseigner l'Arithmetique ; j'ai pourtant été curieux de faire moi-même des Essais de ma Methode, & je puis dire que je n'ai trouvé aucun esprit, ni si jeune, ni si bouché qui ne soit entré dans mes idées & qui n'ait appris à calculer par raison. Diverses personnes qui ont enseigné suivant ma Methode m'ont tous assuré qu'elle leur avoit réussi comme à moi. Il y a quelquefois des longueurs qui abregent, & donner plus de temps aux premiers exemples qu'on calcule, afin de les calculer avec intelligence, c'est le vrai moyen de s'instruire à fond des Regles en moins de temps.

VIII.
Remar-
ques.

IL faut remarquer que si la premiere colomne du *Dividende* contient des centaines de fois le *Diviseur*, la premiere colomne du Quotient contiendra des centaines, & la seconde par conséquent des dixaines ; si la premiere colomne du nombre qui doit être divisé contient des milliers de fois le Diviseur, la premiere colomne du Quotient contiendra aussi des milliers, & la seconde par conséquent des centaines, car les unitez sont 1000 fois dans les 1000, 100 fois dans les 100, 10 fois dans les dixaines &c:

Il faut remarquer outre cela que la premiere & la seconde colomne du Divisé sont regardées comme une seule colomne, toutes les fois que le chifre de la premiere colomne du Divisé est plus petit que le chifre de la premiere colomne du Diviseur, & alors quoi que celui qui doit être divisé ait 3 colomnes on ne les regarde que comme 2.

A 368436 (92109 C
B 4

Je cherche d'abord combien de fois 4 est en 36 dixaines de mille, il y sera 9 dixaines de mille ou 90 mille fois.

Lo r s que dans la suite de l'operation la colomne du *Divisé*, sous laquelle on place le *Diviseur* est plus petite que le nombre Diviseur, on place un o dans le *Quotient*, & l'on avance d'une colomne. Ainsi après avoir écrit au Quotient 921, je continue & je dis 4 en 3 n'y est pas ; je marque un o, puis j'ajoute 4 en 36, y est 9 fois, sans cette precaution 1 qui doit valoir 100 n'auroit valu que 10.

Lors que le Diviseur contient plusieurs colomnes, & que la premiere, la seconde, la troisiéme, sont égales à la premiere, la seconde, la troisiéme du Divisé, & la quatriéme plus grande que celle qui lui répond dans le Divisé, il faudra avancer le Diviseur vers la droite, & les 2 premieres du Divisé ne passeront que pour une.

Si le Divisé est 754678 & le Diviseur 7547
67923 9

75448 67923

Je cherche combien de fois les 4 colomnes 7547 sont en 754678, par conséquent je cherche d'abord combien de fois 7000 sont en 75 mille.

La même chose arrive lors que dans la suite de l'operation 3, 4, & en un mot plusieurs colomnes du Diviseur se trouvent disposées

H 3

posées

posées sous autant de colomnes du Divisé,
il arrive que la 3e. ou la 4e. du Diviseur excede la troisiéme ou la quatrieme du Divisé,
car alors il faut mettre un o au Quotient &
avancer d'une colomne.

$$\begin{array}{ll}
\text{Divisé } 1075235836\,(300009 & \text{Diviseur } 3584 \\
\phantom{\text{Divisé }}10752 & 3 \\
\hline
\phantom{\text{Divisé }}0000035836 & 10752 \\
 & 3584 \\
 & 9 \\
\hline
\phantom{\text{Divisé }}32256 & 32256 \\
\hline
\phantom{\text{Divisé }}3580 &
\end{array}$$

Il n'y a qu'à jetter les yeux sur cet exemple pour s'assurer que 3584 est contenu en
1075235836 trois cens mille & neuf fois, &
qu'outre cela le Divisé contient encore 3580
unitez.

XII.
Remar-
que.

L'OPERATION ne peut avancer chaque
fois que d'une seule colomne, & si la colomne du Divisé ne contient pas la valeur du chifre de la premiere colomne du
Diviseur, il faudra mettre un o dans le
Quotient & passer à la colomne suivante.

C

$$C$$

```
486978 (2004        B
486000              243
                      2
______            ______
000978
   972              486
______            ______
   006                4
                   ______
                     972
```

Si je n'avois pas marqué les 0, le Quotient ne seroit monté qu'à 24 & cependant les unitez de la colomne *B* font mille fois dans les unitez de la colomne *C* : De même encore si j'ai à diviser

```
86745 (205       par   423
                         2
84600                 ______
______                 846
02145                 ______
                         5
 2115                 ______
______                 2115
```

Je trouve d'abord 423 en 846 centaines 200 fois, mais comme 4 furpaffe le premier caractere de la fomme reftante 2145, je pofe 0 au Quotient pour marquer la colomne, & j'avance à la colomne fuivante pour demander combien de fois 4 eft en 21, & je trouve que 423 eft 5 fois en 2115 ainfi 86745 eft compofé 1°. de 84600

```
          2°. de   2115
          3°. de     30
                 ______
                   86745
```

                    Dans

Dans la premiere partie 423 est conten-
200 fois, dans la seconde 5 fois, & dans la
troisiéme il ne s'y trouve pas.

L'OPERATION sera *achevée*, lors que le
dernier point aura atteint la *derniere colom-*
du Divisé. L'operation étant achevée vous
pourrez connoître si vous avez suffisamment
reïteré la Division par les regles suivantes.
1°. Lors qu'il y a autant de colomnes dans
le Diviseur que dans le Divisé, le Quotient
n'aura qu'une colomne; mais si le Divisé surpasse le Diviseur d'une colomne, il y aura
deux colomnes dans le Quotient, & en général le nombre des colomnes du Quotient
surpassera d'une colomne l'excès du nombre
des colomnes du Divisé par dessus le nombre de celles du Diviseur: s'il y en a 9 dans
le Divisé & 4 dans le Diviseur il y en aura
6 dans le Quotient. Néanmoins 2°. il faut
se souvenir que toutes les fois que le premier chifre du Divisé est plus petit que le premier chifre du Diviseur, les deux premieres
colomnes du Divisé sont regardées comme
une seule colomne. 3°. Quand le nombre des
colomnes du Divisé est égal aux colomnes
du Diviseur, on cherche combien de fois les
mille sont dans les mille, les centaines dans les
centaines, les dixaines dans les dixaines, & jamais le Quotient ne peut aller au delà de 9,
parce que 10 la plus petite dixaine n'est pas 10
fois en 99 la plus haute dixaine, non plus que
1000 le plus petit millenaire n'est pas 10 fois
en 9999 le plus grand, mais les unitez d'u-
ne colomne sont contenues 10 fois dans les
unitez d'une autre qui precede immediatement à la gauche, 100 fois dans celle de la
colom-

colomne qui precede de 3, &c. Ainfi lors
que le Divifé a 4 colomnes de plus que le
Divifeur, les unitez de la premiere colomne
du Divifeur font contenues dix mille fois
dans les unitez de la premiere du Divifé ; il
en eft ainfi de la feconde du Divifé par rapport à la feconde du Divifeur, & par conféquent la premiere colomne du Quotient
marquera des dixaines de mille.

Si le Divifé étoit 785463 (3 . . . .
& le Divifeur 24. Le premier caractere du
Quotient marqueroit des dix mille , car la
divifion procederoit de colomne en colomne comme les points la marquent, & elle fe
reïtereroit 5 fois

```
785463 (3 . . . .
 . .         .
 1 . .
  2 .
   3 . .
    4 . .
     5
```

Mais fi le Divifeur étoit 243 , le premier
caractére du Quotient marqueroit des mille, car la divifion ne fe reïtereroit que 4 fois

```
785463   (3 . . .
 . . . .
 1 . . .
  2 . . .
   3 . . .
    4
```

Si le Divifeur étoit 2431 le premier caractere marqueroit des centaines, & la divifion
ne fe reïtereroit que 3 fois.

$$785463 \quad (3..$$
$$....$$
$$1....$$
$$2....$$
$$3...$$

Si le Diviseur étoit 24312 , la premiere colomne du Quotient marqueroit des dixaines , & la division ne se reïtereroit que 2 fois

$$785463 \quad (3.$$
$$.....$$
$$1.....$$
$$2$$

XIV.
Remarque.

LORS QUE le Divisé & le Diviseur se terminent par des 0, l'on peut pour abreger en retrancher autant dans l'un que dans l'autre : Si je divise 789000 par 2400, c'est-à-dire, si je divise 7890 centaines par 24 centaines, c'est comme si je divisois 7890 unités, par 24 unités , puisque les centaines sont contenues dans les centaines , comme les unités dans les unités.

De même si je divisois 7890000 par 24000000, c'est-à-dire , si je divisois 789 unités par 240 unités. j'aurois dans l'un & dans l'autre cas pour Quotient 3, dans le premier il me resteroit 690000 ou 69 centaines de mille, & dans le second 69 unitez & la fraction $\frac{69}{240}$ qui est égale à $\frac{6900000}{24000000}$ comme nous le verrons dans la suite.

XV.
Pratique pour diviser un nombre en ses parties.

SI je divise un nombre par l'unité le Quotient sera égal au Divisé, car 12 contient 1, 12 fois, 18 contient 1, 18 fois, 3493 contient 1, 3493 fois.

Mais

Mais comme 2 eſt double de 1, 2 ſera contenu une moitié de fois moins que un, & ainſi en diviſant un nombre par 2, le Quotient ſera la moitié du Diviſé.

Je diviſe 12 par 1, j'ai pour Quotient 12, je le diviſe par 2 j'ai pour Quotient 6, car 2 n'eſt pas contenu en 12 autant de fois que 1, mais ſeulement la moitié.

Et puis que 3 eſt triple de 1, ſi l'on diviſe un nombre premierement par 1, & enſuite par 3, le premier Quotient ſera triple du ſecond, & le ſecond ſera le tiers du premier, & puis que le premier Quotient eſt égal au Diviſé, le ſecond Quotient ſera tiers du Diviſé.

Par la même raiſon ſi je diviſe un nombre par 4 le Quotient ſera le quart du Diviſé.

Si donc je veux avoir la cinquiéme partie d'un nombre, je le diviſerai par 5, ſi j'en veux avoir la ſixiéme je le diviſerai par 6, &c.

```
Diviſé 168 (24 Diviſeur 7. 24 eſt la ſeptiéme
        14                      partie de 168.
       ────
        28
```

```
Diviſé 416 (32. Diviſeur 13. 32 eſt la treizié-
       39                        me partie de
      ────                          416.
       26
       26
      ────
       00
```

Il y a d'autres pratiques de diviſion qui font même plus uſitées, mais je me tiens à celle-

XVI.
Avertiſſe-
ment.

celle-ci, 1°. parce que rien n'embrouille davantage les commençans que la diverſité des
pratiques. 2°. Quand j'ai un uſage ſûr & toujours pratiquable il ſeroit ſuperflu d'en chercher un grand nombre. 3°. Celle-ci a l'a-
vantage de remettre inceſſamment devant
les yeux la demonſtration de la regle par ſes
fondemens naturels. 4°. Si dans celle-ci l'on
s'eſt trompé, comme rien n'eſt effacé, l'on
reconnoit bien-tôt dans quel endroit on eſt
tombé dans l'erreur, & il n'eſt pas neceſſaire de recommencer toute la regle. 5°. A-
vant que d'entreprendre la ſouſtraction on
voit déja ſi elle pourra s'executer, au lieu
que dans la methode ordinaire, l'on va à tâtons, & après avoir réuſſi dans 4 colomnes
on éprouve ſouvent à la cinquiéme qu'il
faut recommencer, & cependant tout eſt
brouillé, & à demi ou entiérement effacé.
6°. Quand l'operation doit ſouvent être reï-
terée, ſavoir, lorſqu'il y a beaucoup plus
de colomnes dans le Diviſé que dans le Diviſeur, la même multiplication peut ſervir
à plus d'une repriſe, & ſe trouve ſouvent
toute faite. Enfin cette methode n'eſt point
plus embaraſſée lorſque le Diviſeur a beaucoup de colomnes que quand il en a peu,
au lieu que la pratique ordinaire eſt tout-à-
fait difficile quand on a de grands Diviſeurs
auſſi bien que de grands Diviſez, & il faut
y être extrêmement rompu pour ne s'y tromper pas.

On conduit ordinairement les petits genies juſques à la Diviſion, mais cette quatriéme operation eſt l'écueil où ils échouent;
Par Routine & avec le temps on les accoutume

tume à exécuter de petits exemples , mais
pour les grands ils n'en viennent à bout
qu'à mesure que le Maître les guide , & ne
sachans point la raison de ce qu'ils font,
n'y voyans même goûte , une discontinua-
tion de six mois les ramene à leur premiere
ignorance.

CHAPITRE VIII.

Examen de la Division.

PUISQUE le Divisé *contient* le Diviseur
autant de fois qu'il se trouve d'*unités* dans
le Quotient, il s'ensuit de ce que nous avons
dit dans le Chapitre de la Multiplication ,
que si vous *multipliez* le Diviseur par le Quotient, vous aurez le Divisé, car le Divisé c'est
le Diviseur *ajouté autant de fois qu'il y a d'unités dans le Quotient.* Mais pour connoître si
le produit du Diviseur par le Quotient donnera le Divisé, sans avoir besoin d'en faire
la multiplication, ôtez 9 du Quotient autant que vous le pourrez, multipliez son residu par le Diviseur , ou ôtez 9 du Diviseur
& multipliez son residu par le Quotient, ô-
tez 9 de ce produit & marquez ce qui reste;
Ce reste sera le même que vous auriez après
avoir multiplié le Diviseur par le Quotient
& avoir fait la preuve. Si donc ce residu se
trouve être le residu même des neuvaines
du nombre divisé, ce nombre divisé sera
égal au produit que vous cherchez, à moins
que l'on ne se soit trompé de 9 ou de plusieurs

fieurs neuvaines , ou que les excès de plufieurs colomnes foient precifément compen-
fées par les défauts des autres , ou que l'on
fe foit mépris dans l'arrangement des colomnes ; ou que l'on ait oublié d'en pofer quel-
qu'une dans le Quotient.

E X E M P L E.

Je divife 867 (289 par 3
    600   2
    ———   ———
    267   6
    240   8
    ———   ———
    027   24
     27   9
    ———   ———
     00   27

    J'ai pour Quotient 289 lequel je multi-
plie par 3 & j'ai 867 pour produit , ou
bien j'ôte les neuvaines du Quotient & il
me refte 1 que je multiplie par 3 & je trouve que 3 eft auffi le refidu du Divifé , d'où
je conclus que mon produit auroit été égal
au Divifé , puifque le refidu du Divifé eft
le même que celui de mon produit , & que
par conféquent j'ai bien trouvé un jufte
Quotient.

Je divise encore 7867 (231 par 34
           6800   2
          ───────   ─────
           1067   68
           1020   3
          ───────   ─────
           0047   102
             34   1
          ───────   ─────
             13   34

Et j'ai pour Quotient 231 & pour residu
13, j'ôte les neuvaines du Quotient, restent
6, je le multiplie 1°. par 3 reste 0, 2°. par 4
reste 6, j'ajoute ce même 6 au residu du
restant 13 qui est 4, & j'ai 10, dont le reste
1 est le residu du Divisé, d'où je conclus
que l'operation est juste.

Je divise 784 (21 par 37
         74   2
        ───────   ─────
         044   ·74
          37   1
        ───────   ─────
          07   37

J'ai pour Quotient 21 & pour residu 7 : si
donc je multiplie 37
            par 21
          ───────
            37
            74
   j'aurai 777

Et puisque mon Divisé 784 est composé
de 777, (contenant 37, 21 fois precisément) & de 7, si j'unis ensemble ces deux
                                        par-

parties, c'eſt-à-dire, ſi j'ajoute 777 à 7 j'aurai le nombre entier 784.

Mais avant que de faire la Multiplication je devine que j'aurai ce nombre de cette maniere; Je dis quand j'aurai multiplié 37 par 21, & que j'aurai ôté les neuvaines du produit, j'aurai pour reſtant 3.

Or ſi à la ſomme qui me donne pour reſte 3, je joins une autre ſomme, ſavoir 7, j'aurai un aſſemblage dont le reſtant ſera 1; J'aurai donc une ſomme dont le reſtant ſera le même que le reſtant du Diviſé, par conſéquent ma ſomme ſera ce Diviſé même, ſi je ne me ſuis pas trompé de pluſieurs neuvaines, ſi je n'ai pas compenſé une erreur par l'autre, & ſi j'ai bien rangé mes colomnes ; & ſi j'ai bien placé celles du Quotient.

$$\begin{array}{c c c c}
\text{Je diviſe } 782 \ (23 & & \text{par } 34 \\
68 & & & 2 \\
\hline
102 & & & 68 \\
102 & & & \\
\hline
& & & 34 \\
000 & & & 3 \\
\hline
& & & 102 \\
\end{array}$$

J'ai pour Quotient 23, ſi je le multiplie par 34 j'aurai le produit 782, mais ſans faire cette Multiplication, je devine que j'aurai ce produit, car après avoir ôté les neuvaines du Quotient, j'ai le reſtant 5, par ce reſtant je multiplie 34, & j'ai le produit 170, j'en ôte les neuvaines, il me reſte 8, c'eſt le reſtant que j'aurois, ſi j'avois fait la Multiplication entiere par tout le Quotient,
car

car les neuvaines en multipliant 34 n'auroient donné que des neuvaines.

Je puis encore abreger davantage, si j'ô-
te les neuvaines du Quotient & du Diviseur,
& que je multiplie les restants de l'un & de
l'autre, car dans cet exemple, si je multiplie
5 par 7 j'aurai 35, dont le restant est 8.

Il est sûr qu'en multipliant 23 par 34 j'ai
un produit dont le restant est le même que
si j'avois simplement multiplié le residu 7
pat le residu 5, car les parties composées de
neuvaines, en se multipliant l'une par l'autre ne contiennent que des neuvaines.

D'un côté donc je sai 1°. qu'en multipliant
34 par 23, le residu des neuvaines du produit sera 8, je vois encore 2°. que le residu des neuvaines de 782, c'est 8. Je conclus donc qu'après avoir multiplié 23 par
34 j'aurai pour produit 782, & que par consequent 23 est le Quotient juste.

$$
\begin{array}{ll}
\text{Je divise } 6897\ (299 & \text{par } 23 \\
\qquad\quad 46 & \qquad\ 3 \\
\qquad\quad \overline{} & \qquad\ \overline{} \\
\qquad\quad 2297 & \qquad 69 \\
\qquad\quad 207 & \qquad \overline{} \\
\qquad\quad \overline{} & \qquad 23 \\
\qquad\quad 0227 & \qquad\ 2 \\
\qquad\quad \overline{} & \qquad \overline{} \\
\qquad\quad 207 & \qquad 46 \\
\qquad\quad \overline{} & \qquad 23 \\
\qquad\quad 020 & \qquad\ 9 \\
& \qquad \overline{} \\
& \qquad 207
\end{array}
$$

J'ai pour Quotient 299 & pour residu 20.
Je suppose la multiplication de 23 par 299 dé-

I   ja

ja faite, & je me contente d'examiner quelle en feroit la preuve : Dans ce deffein je

fais 3 croix   & après l'operation je vois que ma premiére ligne fera la feule qui me donnera un refidu favoir 1, je joins ce refidu à celui du reftant 20, j'ai 3, c'eft precifément le refidu de 6897.

Je puis encore abreger davantage fi tout d'un coup je prens le refidu du Quotient qui eft 2, & que je le multiplie par celui du divifeur 5, afin d'avoir 1, refidu du produit total de 299 par 23.

II.
Preuve de la Multiplication par la Divifion.

Cᴏᴍᴍᴇ la Multiplication eft la preuve fûre de la Divifion, la Divifion eft auffi une preuve certaine de la Multiplication.

Je multiplie 786
par 234
—————
3144
2158
1572
—————

J'ai le produit 183924

Ce produit 183924 contient le multiplié 786, 234 fois. Donc fi je divife 183924 par 786, j'aurai pour Quotient 234.

Si donc la Multiplication eft jufte, en divifant le produit par le Multiplié, l'on a pour Quotient le Multipliant, comme en divifant le produit par le Multipliant, l'on a pour Quotient le multiplié.

Cʜᴀ·

CHAPITRE IX.

Usages de la Division.

L A nature de la Multiplication nous a déja presenté une idée de la proportion, celle de la Division fera le même effet.

Le Divisé contient le Diviseur plusieurs fois, & le Quotient marque par ses unités combien de fois le Diviseur est contenu dans le Divisé.

Le Diviseur est donc contenu dans le Divisé comme l'unité dans le Quotient.

L'unité est grande en comparaison du Quotient, comme le Diviseur est grand en comparaison du Divisé.

L'unité a le même rapport au Quotient que le Diviseur au Divisé.

L'unité est au Quotient comme le Diviseur au Divisé.

Si j'ai divisé 64 par 4, j'aurai 1. 16 :: 4. 64. De même le Divisé contient le Diviseur comme le Quotient contient l'unité.

Le Divisé est grand en comparaison du Diviseur comme le Quotient en comparaison de l'unité.

Le Divisé est au Diviseur comme le Quotient à l'unité. 64. 4 : : 16, 1.

Ce sont des expressions de même force qu'il faut se rendre également familieres.

On se sert de la Multiplication pour distribuer une somme en des parcelles plus petites ; on employe la Division (qui défait ce que la Multiplication a fait) pour réunir les parcelles d'une somme, & pour les

I 2   rassem-

rassembler en portions plus grandes. J'ai 789 francs, & je veux reduire cette somme en Ecus. Pour cet effet je considere qu'il faut assembler 3 francs pour faire 1 écu. Je conclus delà qu'autant de tas, de trois parties chacun, qui se trouveront en 789, autant d'écus se trouveront en 789 livres, & pour savoir combien 789 contient de tas de 3 unitez chacun, il faut chercher combien de fois 3 est en 789. On divise donc 789 par 3,

$$
\begin{array}{ll}
789 & (263 \\
6 \\
\hline
189 \\
18 \\
\hline
9 \\
9 \\
\hline
0
\end{array}
\qquad
\begin{array}{ccc}
3 & 3 & 3 \\
2 & 6 & 3 \\
\hline
6 & 18 & 9
\end{array}
$$

& le Quotient 263 apprend que 3 est contenu en 789, 263 fois.

Si j'avois la somme 791, il seroit resté le residu 2 par où j'aurois appris que la somme de 791 livres est composée de 2 parties de 789 livres égales en valeur à 263 écus, & de 2 livres.

Si je veux savoir combien 366 jours contiennent de semaines, je divise 366 jours par 7, & j'ai pour Quotient 52, & pour residu 2, ce qui m'apprend que la somme de 366 jours est composée de 2 parties dont l'une renferme 52 assemblages, de 7 jours chacun, & l'autre contient 2 jours.

Si

Si je veux favoir combien 78846 heures contiennent de jours, je divife ce nombre par 24, parce qu'autant de 24 heures c'eft autant de jours; j'ai pour Quotient 3285, & pour refidu 6, d'où je conclus que cette fomme d'heures eft équivalente à 3285 jours & 6 heures.

Si je veux favoir combien 10516980 minutes contiennent de jours, je divife ce nombre par 1440, parce qu'un jour a autant de minutes, & autant de fois que 1440 fe trouvera dans ce nombre autant j'aurai de jours.

$$
\begin{array}{ll}
10516980 & (7303 \\
10080 & \\
\hline
436980 & \\
4320 & \\
\hline
004980 & \\
\ \cdots\ \cdots\ & \\
4320 & \\
\hline
660 &
\end{array}
\qquad
\begin{array}{l}
1440 \\
\ \ \ \ 7 \\
\hline
10080 \\
\\
1440 \\
\ \ \ \ 3 \\
\hline
4320
\end{array}
$$

Cette fomme de minutes renferme donc 7303 jours, & outre cela 660 minutes, & comme 60 minutes font une heure, en divifant 660 par 60, le Quotient 11 m'apprend que 660 minutes compofent 11 heures, & par conféquent 10516980 minutes forment 7303 jours & 11 heures.

$$660 \quad (11 \qquad 60$$
$$60$$
$$\overline{}$$
$$60$$
$$60$$
$$\overline{}$$
$$00$$

CHAPITRE X.

Des Fractions.

I.
Defini-
tion.

QUOI QUE le nombre soit un amas d'u-
nitez, & qu'à cet égard l'unité soit le
principe & la plus petite partie du nombre,
on la peut cependant diviser en d'autres parties que l'on appelle *Fractions*. Les Fractions
sont donc des portions d'unités ou plûtôt
des portions de la chose dont il s'agit, & qui
est marquée par l'unité; par exemple, 2 tiers
de pistole, 3 quarts de florin, sont des fractions ou des portions d'une pistole, d'un
florin.

II.
Domina-
teur.

ON exprime la fraction par deux nombres separés par une petite ligne; le nombre
du dessous indique par ses unitez en combien de parties la chose dont il s'agit a été
divisée; on appelle ce nombre *Denominateur*,
parce que la fraction en tire son nom $\frac{2}{3}$ c'est
2 tiers, $\frac{3}{4}$ c'est 3 quarts. Les cinquiémes,
les sixiémes, les huitiémes, les douziémes
indiquent que la chose dont il s'agit a été
divisée en 5, en 6, en 8, & en 12 portions. Et
puis que plus le Denominateur contient d'u-
ni-

nitez, en plus de parties auſſi la choſe dont il s'agit a été diviſée, il s'enſuit que plus le Denominateur eſt grand, plus chacune des portions dans leſquelles l'unité a été diviſée eſt petite.

Ainſi je puis diviſer le jour en trois parties, le matin, le milieu du jour, & le ſoir, & chacune de ces parties-là ſera plus grande que ſi je l'avois diviſé en 12 heures.

Une heure ſe diviſe en moitiés ou en quarts, ou en demi-quarts qui ſont des huitiémes, en ſoixantiémes qu'on appelle minutes $\frac{3}{60}$ vaudront moins que $\frac{3}{8}$ & $\frac{3}{8}$ moins que $\frac{5}{7}$ & $\frac{3}{4}$ moins que $\frac{3}{2}$.

Quand il s'agit de partager le bien d'un homme entre ſes heritiers, on regarde l'amas de toutes ſes richeſſes comme une ſeule unité, un ſeul heritage que l'on diviſe en autant de portions égales qu'il y a d'heritiers, s'ils heritent tous également : Mais s'il y a 3 heritiers, & que le premier ſeul doive avoir la moitié de tout l'heritage, le ſecond le tiers du reſte, & le troiſiéme les deux tiers, on partagera le bien en ſix parties, le premier qui doit avoir la moitié aura 3 de ces parties & par conſéquent $\frac{3}{6}$, le ſecond le tiers des trois reſtantes, $\frac{1}{6}$, & le troiſiéme $\frac{2}{6}$. Alors le bien a été partagé en plus de parcelles, que ſi les heritiers avoient été égaux, car en ce cas le bien auroit été partagé en 3 parties ſeulement, & chacun auroit eu $\frac{1}{3}$ valant $\frac{2}{6}$.

La *valeur* donc de la Fraction *augmente* à meſure que l'on diminue le Denominateur, & cette valeur diminue à meſure que l'on augmente le Denominateur : $\frac{1}{15}$ eſt plus grande qu'un

III.
Son Effi-
cace.

qu'une $\frac{1}{20}$, parce que si je partage deux choses égales l'une en 15 parties, l'autre en 20, les portions de la premiere seront plus grandes que les portions de la seconde. Ainsi une $\frac{1}{12}$ est plus grande que $\frac{1}{15}$; $\frac{1}{8}$ est plus grand que $\frac{1}{12}$; $\frac{1}{4}$ plus grand que $\frac{1}{8}$, & $\frac{1}{2}$ est plus grand que $\frac{1}{3}$.

IV.
Numera-
teur.

Lᴇ nombre du dessus s'appelle *Numerateur* parce qu'il compte & indique combien de fois l'on a pris la partie designée par le nombre du dessous: Après avoir divisé une chose en 12 parties $\frac{1}{12}$ marque que je prens une seule portion, $\frac{3}{12}$ que j'en prens 3.

Et parce que plus souvent l'on prend cette partie dont il s'agit, plus la somme devient grande, il s'ensuit que la *valeur* de la fraction *augmente* à mesure que le Numerateur croît, & qu'elle *diminue* à mesure que le Numerateur decroît, $\frac{10}{12}$ font plus que $\frac{8}{12}$, $\frac{6}{12}$ plus que $\frac{5}{12}$ & $\frac{3}{12}$, plus que $\frac{2}{12}$, de même $\frac{5}{4}$ font plus que $\frac{3}{4}$.

V.
Valeur de
la Frac-
tion.

Lᴀ valeur de la Fraction depend donc du *Numerateur* en ce qu'elle *augmente* à mesure qu'il croît, & du *Denominateur* en ce qu'elle *diminue* à mesure qu'il *augmente*.

VI.
Consé-
quence.

Iʟ suit de là que si vous *multipliez* le Numerateur & le Denominateur d'une fraction par le *même* nombre, vous aurez une *fraction* exprimée par de plus *grands* nombres, mais exactement de la *même valeur*; si vous multipliez les deux termes de la fraction $\frac{2}{3}$ par 4 vous aurez $\frac{8}{12}$, & cette seconde fraction vaudra autant que la premiere, parce qu'en quadruplant son Denominateur vous l'avez rendue 4 fois moindre, & en quadruplant son Numerateur vous l'avez rendue

4 fois

4 fois plus grande, c'est là conserver l'éga-
lité, $\frac{1}{4}$ & $\frac{1}{3}$ font des fractions égales, car $\frac{1}{12}$ est
4 fois plus petite qu'un tiers, mais aussi vous
prenez cette portion 4 fois plus petite, 4 fois,
tandis que vous ne prenez qu'une fois celle
qui est 4 fois plus grande: ainsi $\frac{1}{4}$ & $\frac{3}{12}$ valent
également parce que pour avoir $\frac{3}{12}$ j'ai multiplié par 3 les deux termes de la premie-
re $\frac{1}{4}$. Si je multiplie chaque terme de $\frac{2}{5}$ par 6
j'aurai $\frac{12}{30}$. La portion defignée par le Denominateur 30 est six fois moindre en valeur,
car une cinquiéme vaut six trentiémes, mais
je prens 6 fois plus la partie qui est 6 fois
moindre, & par là tout revient à un.

R E M A R Q U E. Tout ce que les commençans éprouvent de difficulté à comprendre
la nature des fractions, & les conféquences
qu'on en tire, ou les regles fondées fur leur
nature, vient de ce que les idées des fractions ne leur font pas affez familieres; On
s'accoutume dès l'enfance aux nombres entiers, mais à peine entend on nommer les
fractions jufqu'à ce que l'on commence à
fe faire inftruire dans l'Arithmetique. Pour
lever donc cette difficulté, il faut aller à la
fource même, & leur rendre l'idée des
fractions familiere par des exemples fenfi-
bles, tirés des monnoyes ufitées. Il faut
partager des corps égaux, comme des piéces de Carton en leur prefence en diverfes parties, il faut faire des tas compofés
d'un pareil nombre de parties égales, &
par conféquent égaux, il en faut faire d'é-
gaux, mais differemment partagés, & après
avoir compofé l'un de fix fixiémes, par
exemple, & l'autre de douze douziémes,

VII.
Avertiffe-
ment.

I 5

tirer

tirer de l'un 2 sixiémes, & de l'autre 4 douziemes ; de même distribuer l'un en dixiémes & l'autre en vingtiémes, & tirer de l'un $\frac{3}{10}$ & de l'autre $\frac{6}{20}$; Ils se formeront enfin à cette distribution d'un tout en ses parties & à ces differens assemblages, & dès là les regles ne leur feront plus de peine, parce qu'ils en comprendront aisément les fondemens.

VIII.
Reductions aux mêmes Denominateurs.

QUAND j'ai à ajouter $\frac{1}{2}$ avec $\frac{1}{2}$ cela fait évidemment $\frac{2}{2}$, & $\frac{2}{4}$ & $\frac{1}{4}$ font $\frac{3}{4}$, $\frac{2}{6}$ & $\frac{3}{6}$ font $\frac{5}{6}$, mais quand il faut ajouter $\frac{1}{2}$ avec $\frac{1}{3}$, & $\frac{2}{3}$ avec $\frac{3}{4}$ l'on est plus embarassé, mais l'embaras cesse, dès que l'on a reduit ces fractions aux mêmes *Denominateurs*. Pour donner à ces fractions un même Denominateur sans changer leur valeur, il faut *multiplier* les 2 termes de la *premiere* par le *Denominateur* de la *seconde*, & les 2 termes de la *seconde* par le *Denominateur* de la *premiere* : par exemple, si j'ai $\frac{1}{2}$ & $\frac{1}{3}$ je multiplie les 2 termes de la premiere par 3 & par là je change $\frac{1}{2}$ en $\frac{3}{6}$, je multiplie les 2 termes de la seconde par 2, & par là j'ai encore $\frac{2}{6}$, j'ai donc 1°. deux fois le même Denominateur, parce que 2 fois 3 & 3 fois 2 font le même *produit* : 2°. je ne change point la valeur des fractions, parce qu'en multipliant chaque terme d'une fraction par le même nombre, j'augmente autant sa valeur en augmentant son Numerateur, que je la diminue en augmentant son Denominateur.

Ainsi $\frac{2}{3}$ & $\frac{3}{4}$ se changent en $\frac{8}{12}$ & $\frac{9}{12}$, $\frac{1}{2}$ & $\frac{1}{3}$ en $\frac{5}{10}$ & $\frac{6}{10}$.

On

On debute par multiplier les Denominateurs l'un par l'autre, on écrit leurs produits sous deux lignes, puis l'on multiplie
le Numerateur de la premiere par le Denominateur de la seconde, & l'on a le premier Numerateur, l'on multiplie après cela le Numerateur de la seconde par le Denominateur de la premiere, & l'on a le se-
cond Numerateur, $\frac{2}{5}$ $\frac{3}{4}$ $\frac{}{20}$ $\frac{}{20}$ $^{£}$ ^{15}.

S'il faut reduire $\frac{2}{5}$ & $\frac{3}{4}$ aux mêmes Denominateurs les deux Denominateurs seront
20 & 20; pour le premier Numerateur l'on
aura 8, produit de 2 par 4, & pour le second l'on aura 15, produit de 3 par 5, &
par là les fractions sont changées en $\frac{8}{20}$ &
$\frac{15}{20}$.

Si vous voulez donner le même Domi-
nateur à 3 fractions qui ont de differens
Denominateurs, il vous faut operer sur les
2 premieres, selon la methode que nous a-
vons donnée dans l'article precedent, & il
faudra ensuite les multiplier toutes deux
par le Denominateur de la troisiéme, & les
deux termes de la troisiéme par le Denominateur de la seconde qui est le même que
celui de la premiere. Si vous avez 4 fractions, il vous faut operer pour la quatriéme
de la même maniere que vous avez operé
pour la troisiéme. Par exemple il faut re-
duire au même Denominateur $\frac{1}{2}$ $\frac{2}{3}$ $\frac{3}{5}$ $\frac{2}{7}$ je
commence par $\frac{1}{2}$ & $\frac{2}{3}$ & j'ai $\frac{3}{6}$ & $\frac{4}{6}$; ensuite
je multiplie les 2 termes de ces deux frac-
tions chacun par 5 Denominateur de la troi-
siéme & j'ai $\frac{15}{30}$ & $\frac{20}{30}$; puis je multiplie par 6,
Denominateur des deux precedentes, les 2
termes de la troisiéme, & j'ai $\frac{18}{30}$ au lieu de
$\frac{3}{5}$. en

$\frac{1}{3}$; ensuite je multiplie les 2 termes des 3 fractions ainsi reduites par 7 Denominateur de la quatriéme & au lieu de $\frac{15}{30}$ $\frac{20}{30}$ $\frac{18}{30}$ j'ai $\frac{105}{210}$ $\frac{140}{210}$ $\frac{126}{210}$; enfin je multiplie les 2 termes de la quatriéme par 30 & au lieu de $\frac{2}{7}$ j'ai $\frac{60}{210}$.

IX.
Addition.

DE'S que les fractions font *reduites* aux mêmes Denominateurs rien n'eft plus aifé que de les *ajouter*, car comme 2 piftoles & 3 piftoles font 5 piftoles, 5 écus & 7 écus font 12 écus, de même $\frac{2}{4}$ & $\frac{3}{4}$ font $\frac{5}{4}$, $\frac{5}{8}$ & $\frac{7}{8}$ font $\frac{12}{8}$

Si j'ai donc à ajouter $\frac{1}{2}$ avec $\frac{2}{3}$ je les reduits premiérement aux mêmes Denominateurs pour avoir $\frac{3}{6}$ à la place d'une moitié & $\frac{4}{6}$ à la place de $\frac{2}{3}$, après quoi joignant en une ces deux fractions j'ai $\frac{7}{6}$ qui égalent $\frac{1}{2}$ & $\frac{2}{3}$. Si je veux y joindre $\frac{3}{5}$, je reduis encore $\frac{7}{6}$ & $\frac{3}{5}$ au même denominateur pour avoir $\frac{35}{30}$ à la place de $\frac{7}{6}$, & $\frac{18}{30}$ à la place de $\frac{3}{5}$; en affemblant ces deux fractions j'ai $\frac{53}{30}$ pour valeur de $\frac{7}{6}$ & de $\frac{3}{5}$. Si enfin je voulois y joindre $\frac{2}{7}$ après avoir fait la reduction, je joins en un $\frac{371}{210}$ & $\frac{60}{210}$ & j'ai en tout $\frac{431}{210}$; de forte que pour ajouter enfemble les fractions qui ont des mêmes Denominateurs, il n'y a qu'à *joindre leurs Numerateurs* fans rien changer aux Denominateurs.

X.
Souftrac-
tion.

IL en eft de même de la Souftraction, il n'y a qu'à ôter le petit Numerateur du grand, le refte fera le Numerateur de la fraction que l'on cherche, qui aura le même Denominateur que les deux autres : fi de $\frac{5}{7}$ j'ôte $\frac{2}{7}$ reftera vifiblement $\frac{3}{7}$, de $\frac{11}{12}$ fi j'ôte $\frac{5}{12}$ reftera $\frac{6}{12}$.

La Souftraction des fractions fert à faire
con-

connoître la différence d'une fraction d'avec une autre, laquelle se reduit souvent à beaucoup moins qu'on n'auroit cru.

Je veux savoir la différence qu'il y a entre $\frac{1}{3}$ & $\frac{1}{4}$, 1°. Je les reduis aux mêmes Denominateurs & j'ai $\frac{4}{12}$ & $\frac{3}{12}$ dont je vois 2°. que la différence de $\frac{1}{12}$.

La différence de $\frac{1}{5}$ à $\frac{1}{6}$ ou de $\frac{6}{30}$ à $\frac{5}{30}$ est $\frac{1}{30}$.

La différence de $\frac{1}{15}$ à $\frac{1}{16}$ ou de $\frac{16}{240}$ à $\frac{15}{240}$ c'est $\frac{1}{240}$.

La différence de $\frac{1}{42}$ à $\frac{1}{43}$ ou de $\frac{43}{1806}$ à $\frac{42}{1806}$; c'est $\frac{1}{1806}$.

La différence de $\frac{1}{100}$ à $\frac{1}{101}$, ou de $\frac{101}{10100}$ à $\frac{100}{10100}$ est de $\frac{1}{10100}$. Par où l'on voit qu'une différence qui ne va qu'à une unité dans des Denominateurs se reduit presque à rien & peut se negliger sans erreur sensible.

Une fraction égale l'unité quand le Numerateur & le Denominateur sont égaux, $\frac{2}{2}$ $\frac{3}{3}$ $\frac{4}{4}$ $\frac{5}{5}$, chacune de ces fractions vaut un entier, car si après avoir divisé une chose en 5 parties, vous les prenez toutes 5 vous prendrez la chose entiere; & toutes les fois que le Numerateur surpasse le Denominateur, elle surpasse aussi l'unité. XI. Reduction premiere.

D'où il suit évidemment que l'unité est contenue autant de fois dans la fraction, que le Denominateur se trouve dans le Numerateur, $\frac{8}{4}$ valent deux entiers, puisqu'ils valent autant que $\frac{4}{4}$ & $\frac{4}{4}$; $\frac{36}{12}$ valent 3 fois autant que $\frac{12}{12}$ c'est-à-dire, autant que $\frac{12}{12}$, $\frac{12}{12}$, $\frac{12}{12}$. C'est ainsi qu'on reduit des fractions en entiers.

On peut quelquefois sans beaucoup de reductions ramasser plusieurs fractions en une somme, lorsque tous les petits Denominateurs XII. Seconde.

teurs font autant de parties aliquotes du plus grand , c'eſt-à-dire, ſe trouvent tous, les uns plus , les autres moins , mais chacun preciſément un certain nombre de fois , dans le plus grand.   Alors 1°. il faut diviſer le plus grand Denominateur par un des petits.

2°. Multiplier par le Quotient de cette diviſion le petit Denominateur avec ſon Numerateur ; car en faiſant ainſi , 1°. la fraction ne changera point de valeur , puiſque chacun de ſes termes aura été multiplié également.   2°. le petit Denominateur ainſi multiplié égalera le grand , puiſque le Diviſeur multiplié par le Quotient égale le Diviſé.

3°. Il faut reïterer cette operation ſur toutes les fractions l'une après l'autre en diviſant ſucceſſivement le grand *Denominateur* par chacun des autres , & en multipliant les deux termes de châque fraction par le Quotient de cette diviſion.

Par cette Methode je reduirai $\frac{1}{2}$ $\frac{3}{4}$ $\frac{2}{3}$ $\frac{5}{6}$ $\frac{1}{12}$ $\frac{5}{16}$ $\frac{7}{24}$ $\frac{9}{48}$, en $\frac{24}{48}$ $\frac{36}{48}$ $\frac{32}{48}$ $\frac{60}{48}$ $\frac{4}{48}$ $\frac{15}{48}$ $\frac{14}{48}$ $\frac{2}{48}$. En aſſemblant le tout j'aurai $\frac{174}{48}$ ou 3 & $\frac{5}{48}$.

XIII.
Troiſié-
me.

Lorsqu'il faut *reduire* une *fraction* exprimée par de grands termes en une autre qui ſoit bien de même valeur , mais qui ne ſoit pas exprimée par de ſi *grands termes* , il faut *diminuer également* les 2 termes de la fraction , car lorſqu'on diminuë le *Denominateur* , la valeur augmente , & elle diminuë lorſqu'on diminue le *Numerateur* , donc ſi vous diminuez également les 2 termes , la valeur augmentera autant d'un côté qu'elle diminuera de l'autre.

J'ai $\frac{8}{12}$ je prens la moitié de 8 & la moitié

tié de 12 & j'ai $\frac{1}{6}$ égalant $\frac{2}{12}$ parce qu'une
sixiéme vaut le double d'une douziéme,
mais cette douziéme qui ne vaut que la moitié d'une sixiéme, je la prens 2 fois, pendant que je ne prens une sixiéme qu'une
fois (la marque $=$ signifie égalité) $\frac{1}{6}=\frac{2}{12}$ $\frac{2}{6}$
$=\frac{4}{12}$, $\frac{3}{6}=\frac{6}{12}$. $\frac{4}{6}=\frac{8}{12}$, $\frac{24}{36}=\frac{12}{18}$, $\frac{6}{9}=\frac{2}{3}=\frac{4}{6}$.

Pour faire cette égale diminution, il faut
chercher un nombre qui divise également
les deux termes.

Si le Numerateur est contenu precisément
dans le Denominateur, ce Numerateur est
le nombre que vous cherchez, parce qu'il
divise precisément châque nombre. Je veux
changer $\frac{8}{32}$ en une fraction de même valeur,
mais exprimée par de plus petits termes;
comme le Denominateur se divise exactement par le Numerateur, je les rends, chacun 8 fois plus petit, & par là je rends la
fraction d'un côté 8 fois plus grande en
valeur, & de l'autre 8 fois moindre, c'est-
à-dire, que je lui laisse sa valeur $\frac{8}{32}=\frac{1}{4}$;
Ainsi $\frac{12}{36}=\frac{1}{3}$; $\frac{10}{60}=\frac{1}{6}$; $\frac{15}{60}=\frac{1}{4}$; $\frac{6}{30}=\frac{1}{5}$.

Si le Numerateur ne divise pas precisément le Denominateur, il faut premiérement marquer le residu de la division, en
second lieu diviser le Numerateur par ce
residu, si cette seconde division est exacte,
ce residu sera le nombre cherché.

Pour reduire $\frac{24}{36}$ à de plus petits termes
sans changer la valeur de la fraction, 1°. je
divise 36 par 24, il me reste 12, 2°. je divise 24 par le reste 12, ce reste est diviseur
exact, car il se trouve juste en 24. Or 36
contient 24 & ce reste, donc ce reste se
trouvera aussi juste en 36. Je divise donc
par

par 12 châque terme & j'ai $\frac{2}{3} = \frac{24}{36}$, car une trente-fixiéme eft 12 fois plus petite qu'un tiers, mais auffi on la prend 12 fois plus.

Ainfi pour reduire $\frac{12}{30}$ à de plus petits termes, 1°. je diviferai le Denominateur 30 par le Numerateur 12, & le Numerateur 12 par le refte 6, qui divife auffi exactement 30, parce que 30 contient exactement 2 fois 12 & puis 6: je changerai donc, en divifant châque terme par 6, $\frac{12}{30}$ en $\frac{2}{5}$.

Ainfi en divifant châque terme par 8 je changerai $\frac{32}{40}$ en $\frac{4}{5}$ & $\frac{28}{35}$ en $\frac{4}{5}$, en divifant châque terme par 7.

Si le Numerateur n'eft pas divifé exactement par le refidu de la premiere divifion, il faut encore marquer ce qui refte dans cette feconde divifion, & divifer le refidu de la premiere par ce fecond nombre, & ainfi du refte. Divifez toujours le *dernier Divifeur* dont vous vous êtes fervi, *par le dernier refidu* que vous avez trouvé, jufques à ce que vous trouviez un Divifeur exact, & ce *dernier Divifeur exact divifera chaque terme* de la fraction.

Si j'ai $\frac{36}{44}$ à reduire, 1°. je divife 44 par 36 reftent, 8. 2°. Je divife 36 par 8, reftent 4. 3°. Je divife 8 par 4 qui fe trouve divifeur. Il eft vifible 1°. que 36 fe divife par 4 exactement, car 8 contient 4 exactement, & 36 contient 8 exactement & de plus 4; 2°. 44 fe divifera auffi exactement par 4, car 44 contient 36 & de plus 8, il eft donc compofé de deux parties qui contiennent chacune 4 exactement. La même demonftration s'appliquera à tous les nombres à qui l'on pourra appliquer la même queftion.

S'il

S'il y a 5 nombres & que le *dernier* ait un Diviseur exact ; ce Diviseur est *partie exacte* du *cinquiéme* ; & puisque le quatriéme contient le cinquiéme avec ce Diviseur, le *quatriéme* est composé de 2 portions de chacune desquelles ce Diviseur est *partie exacte* ; le *troisiéme* contient le quatriéme & le cinquiéme, il contient donc 2 parties qui renferment chacune *exactement* le Diviseur: ce Diviseur est donc partie exacte du troisiéme entier ; & puisque le *second* contient le troisiéme & le quatriéme, le Diviseur est *partie exacte* des 2 *portions du second*, & du second entier par conséquent ; & puisque le *premier* contient le second & le troisiéme, le Diviseur est encore *partie exacte des 2 portions du premier*, & par conséquent du premier lui-même.

J'ai à reduire $\frac{20}{74}$, je divise 74 par 20, & j'ai pour reste 14, je divise 20 par 14, & j'ai pour reste 6, je divise 14 par 6 & j'ai pour reste 2, je divise enfin 6 par 2, qui se trouve Diviseur exact ; 2 est partie exacte de 6 ; 14 contient exactement 6 & 2, donc 2 est partie exacte de 14. 20 contient 14 & 6, 2 est donc partie exacte de l'un & de l'autre, & par conséquent de 20 ; 74. contient exactement 20 & 14, donc 2 partie exacte de l'une & de l'autre portion de 74, sera partie exacte de 74 tout entier.

Lorsque le Numerateur est plus grand que le Denominateur on divise le Numerateur par le Denominateur, celui-ci par le reste de cette premiere division, le reste de la premiere par le reste de la seconde, & ainsi

       K   con-

consecutivement, jusques à ce qu'on ait trouvé un Diviseur exact par lequel l'on divise les deux termes de la fraction, pour en faire une autre composée des deux Quotiens, mais en ce cas le plus grand Quotient sera Numerateur:

Quand j'ai à reduire $\frac{82}{24}$ je divise 1°. 82 par 24. 2°. 24 par le reste 10 & il reste derechef 4. 3°. je divise le premier reste 10 par le second 4 & ce second 4 par le troisiéme 2 qui se trouve Diviseur exact, & j'ai $\frac{82}{24} = \frac{41}{12}$.

XIV. Remarque.

IL arrive souvent qu'en poussant la division de reste en reste, l'on arrive enfin à l'unité, & c'est une preuve que les termes de la fraction ne peuvent être diminués également, c'est-à-dire, qu'elle ne peut se reduire à de plus petits termes, & alors si la fraction est exprimée en de grands termes; suivant la grandeur de la chose dont il s'agit, on peut sans erreur sensible diminuer l'un ou l'autre, ou tous les deux d'une unité, & l'on trouvera un Diviseur commun.

J'ai à reduire $\frac{105}{109}$ il me reste d'abord 4, je divise 105 par 4 & il me reste 1, j'essaye donc de diminuer 109 d'une unité, car une cent & huitiéme est à très-peu près égale à une cent & neuviéme, à moins qu'il ne s'agisse d'un sujet fort vaste, & alors je reduis $\frac{105}{108}$ à $\frac{35}{36}$ fraction tant soit peu plus grande dans la proportion qu'une cent & neuviéme; j'aurois pû aussi ajouter 1 & j'aurois reduit $\frac{105}{110}$ à $\frac{21}{22}$ fraction tant soit peu moindre dans la proportion qu'une cent & dixiéme est moindre qu'une cent & neuviéme. Enfin j'aurois pû ajouter 1 à 105 & à 109 & j'aurois eû $\frac{106}{110} = \frac{53}{55}$.

Quand

Quand j'ai $\frac{73}{85}$ en diminuant le Numerateur de 1, & baiſſant ainſi la valeur, & en
diminuant le Denominateur de 1, & hauſ-
ſant la valeur, j'ai $\frac{72}{84} = \frac{6}{7}$, ainſi je reduirai
$\frac{37}{73}$ à $\frac{1}{2}$.

Ces *à peu près* ſont commodes quand
l'erreur eſt de petite conſéquence, & on les
trouve d'abord en eſſayant, & enſuite quand
on s'eſt rendu familier l'uſage des nombres,
on apperçoit d'un clin d'œil ſur quel des termes doit tomber le retranchement ou l'augmentation.

Quelquefois ce retranchement ou cette
augmentation dans de très-grands nombres,
va à pluſieurs unitez comme par exemple la
fraction $\frac{23607}{56087}$ ſi l'on retranche 4 du Denominateur le reduit à $\frac{23607}{56083} = \frac{3}{7}$.

Lors que le Numerateur & le Denominateur ſe terminent chacun par des o, il n'y a
qu'à en retrancher autant dans l'un que
dans l'autre, car c'eſt les diminuer égale-
ment $\frac{240000}{3600000}$ ſe reduit à $\frac{24}{360}$ & $\frac{24}{360}$ ſe reduit à
$\frac{1}{15}$.

COMME l'unité ſe diviſe en pluſieurs parties, on diviſe auſſi une fraction en d'autres
fractions, & pour cet effet, ſi vous voulez
diviſer une fraction en 4 parties, il faut multiplier le Denominateur de cette fraction
par 4, car par là vous la rendez 4 fois moindre en valeur, & au contraire ſuivant que
vous voudriez prendre 2 fois, ou 3 fois, ou
5 fois une fraction, il faudra multiplier le
Numerateur de la fraction par 2, 3, ou 5.

XV.
Fractions
des frac-
tions.

Si je veux avoir $\frac{1}{2}$ de $\frac{1}{3}$, je double le
Denominateur & j'ai $\frac{1}{6}$ moitié de $\frac{1}{3}$, ain-

si $\frac{1}{5}$ de $\frac{1}{6}$ sera $\frac{1}{30}$, $\frac{1}{3}$ de $\frac{1}{8}$ sera $\frac{1}{24}$.

Il n'y a que le peu d'habitude que l'on a avec les idées des fractions, qui rende la raison de cette pratique difficile à comprendre, il faut donc encore rappeller ici l'artifice dont j'ai parlé dans la remarque, article 7.

Si le $\frac{1}{3}$ de $\frac{1}{4}$ est $\frac{1}{12}$, les $\frac{2}{3}$, c'est à-dire, le double, seront $\frac{2}{12}$. Si le $\frac{1}{3}$ de $\frac{1}{8}$ est $\frac{1}{24}$, $\frac{5}{3}$ seront 5 fois plus & par conséquent $\frac{5}{24}$. Si $\frac{1}{5}$ de $\frac{1}{6}$ est $\frac{1}{30}$, $\frac{9}{5}$ seront 9 fois plus, & par conséquent $\frac{9}{30}$.

De même si le $\frac{1}{3}$ de $\frac{1}{4}$ est $\frac{1}{12}$, le $\frac{1}{3}$ de $\frac{2}{4}$ sera le double, & par conséquent $\frac{2}{12}$.

Si le $\frac{1}{3}$ de $\frac{1}{8}$ est $\frac{1}{24}$ le $\frac{1}{3}$ de $\frac{7}{8}$ sera 7 fois plus grand & par conséquent $\frac{7}{24}$.

Et si le $\frac{1}{3}$ de $\frac{2}{4}$ est $\frac{2}{12}$, $\frac{2}{3}$ de $\frac{2}{4}$ feront le double de $\frac{2}{12}$ est par conséquent $\frac{4}{12}$.

Si le $\frac{1}{3}$ de $\frac{7}{8}$ est $\frac{7}{24}$, $\frac{4}{3}$ de $\frac{7}{8}$ sera quadruple de $\frac{7}{24}$ & par conséquent $\frac{28}{24}$.

Il faut donc multiplier le Numerateur par le Numerateur & le Denominateur par le Denominateur.

Il faut multiplier le Denominateur par le Denominateur pour avoir la portion de la fraction qu'on souhaite.

Et il faut multiplier le Numerateur par le Numerateur, pour avoir cette même portion prise autant de fois qu'on le demande.

XVI.
Multiplication des Fractions.

CETTE methode qui aboutit à nous donner tout ce que nous souhaittons des parcelles d'une fraction, est ce qu'on appelle autrement *Multiplication* d'une fraction par une autre.

Si

Si j'ai à multiplier $\frac{3}{4}$ par 2 il faut doubler cette fraction; c'est ce que je fais en doublant son Numerateur. Si j'avois à la multiplier par 3 il faudroit tripler le Numerateur, par 5 il faudroit le quintupler. Si j'avois à faire la multiplication par 12 il faudroit le rendre 12 fois plus grand & j'aurois, suivant l'ordre de ces differens cas, les produits $\frac{6}{4}$ $\frac{9}{4}$ $\frac{15}{4}$ $\frac{36}{4}$.

Mais si je devois multiplier la même fraction par $\frac{1}{3}$ il faudroit la prendre, non pas une fois, mais seulement un tiers de fois; & le tiers de $\frac{3}{4}$ c'est $\frac{3}{12}$: Donc en la multipliant par 2 tiers, j'aurois $\frac{6}{12}$; 2 fois plus que si je la multipliois par $\frac{1}{3}$. Si je la multipliois par 5 j'aurois $\frac{15}{12}$, & par 12 $\frac{36}{12}$. En effet $\frac{12}{3}$ font 4 entiers, & en multipliant $\frac{3}{4}$ par 4 j'ai $\frac{12}{4}$; or $\frac{12}{4}$ égalent $\frac{6}{2}$ & l'une & l'autre de ces fractions valent 3 entiers.

Le terme de *Multiplication* donne une idée d'*accroissement*, & on s'affermit dans l'habitude de lui attacher cette idée, parce qu'elle a toujours lieu dans la multiplication des nombres *entiers* : Mais quand on vient à multiplier des *fractions* on est tout surpris de voir le produit *baisser* au dessous du multiplié : Pour faire cesser cette surprise il n'y a qu'à se rendre attentif sur la nature de la Regle de Multiplication qui consiste à prendre le multiplié autant de fois que le multipliant contient l'unité. On ne le prend donc pas une fois entiere, lorsque le multipliant est au dessous de l'unité. Quand je multiplie 2 tiers par $\frac{3}{4}$ je ne prens pas 1 tiers une fois entiere, mais seulement $\frac{3}{4}$ de fois.

K 3

P O U R

POUR diviser une fraction par l'autre,
1°. je les reduis aux mêmes Denominateurs,
après quoi je vois d'abord que celle qui est
Diviseur se trouve contenuë dans celle qui est
à diviser, précisément comme le Numerateur de celle-là est contenue dans le Numera-
teur de celle-ci. Je veux diviser $\frac{3}{4}$ par $\frac{2}{3}$ tiers.
1°. Je les reduis au même Denominateur
& j'ai $\frac{9}{12}$ & $\frac{8}{12}$, après quoi je vois que $\frac{8}{12}$ est
en $\frac{9}{12}$ comme 8 est en 9.

Si je voulois diviser $\frac{2}{3}$ tiers par $\frac{3}{4}$, après la
reduction je verrois que $\frac{9}{12}$ est contenu en $\frac{8}{12}$
comme 9 en 8.

Dans le premier cas j'aurois pour Quo-
tient $\frac{9}{8}$ & dans le second $\frac{8}{9}$. En général donc
après avoir fait la *reduction* on aura pour
Quotient une *fraction* dont le Numerateur sera le *Numerateur* de la *fraction à diviser*, &
le *Denominateur*, le *Numerateur* de la fraction qui est le *Diviseur*.

Quand on a à diviser une fraction par un
entier, il n'y a qu'à multiplier son Denominateur par cet entier, & lui conserver son
Numerateur.

Je dois diviser 2 tiers par 5. En multipliant le Denominateur j'aurai pour Quo-
tient $\frac{2}{15}$. Ainsi le quotient de $\frac{3}{4}$ divisé par 6
sera $\frac{3}{24}$.

La raison de cette pratique se tire immédiatement de la nature même des fractions,
& de celle de la Division. Dans toute Division le quotient baisse au dessous du divisé,
suivant que le Diviseur est grand, ou s'éleve au dessus de l'unité : Or en multipliant
le Denominateur la fraction baisse à proportion que son Denominateur croît, ou que
le

le nombre par lequel on le multiplie eſt grand. $\frac{2}{15}$ ſont 5 fois moindres que $\frac{2}{3}$ & $\frac{3}{24}$ valent 6 fois moins que $\frac{3}{4}$. Je diviſe $\frac{1}{2}$ par 4. J'ai pour quotient $\frac{1}{8}$ parce que $\frac{1}{8}$ vaut une fois moins qu'une moitié, car une moitié eſt égale à $\frac{4}{8}$.

Je diviſe $\frac{1}{12}$ par 3 & j'ai pour Quotient $\frac{5}{36}$, car $\frac{5}{36}$ valent trois fois moins que $\frac{1}{12}$, puiſque $\frac{1}{12}$ égalent $\frac{15}{36}$.

XVIII.
Avis.

Je n'entre point dans la *Règle des Fractions Decimales*; On ne ſauroit faire nettement comprendre la raiſon pour laquelle on s'en eſt aviſé ni en expliquer la pratique par ſes fondemens, à ceux qui ignorent le *Toiſé*. Mais dès qu'on eſt inſtruit ſur cette maniere de meſurer, & qu'on poſſede les principes de l'Arithmetique, on apprend dans un moment à ſe ſervir des Fractions Decimales, & on s'étonne qu'on ait tardé ſi long-temps à les inventer. Il ne faut pas faire autant de Règles d'Arithmetique, qu'il y a de differens ſujets où le calcul eſt d'uſage. On pourroit à la verité donner une idée du Toiſé à ceux qui n'ont pas encore étudié la Géometrie &, par le moyen de cette idée, les mettre en état de ſe familiariſer avec la Règle du Dixme ; Mais dans une Science, dont le plus grand but doit être de donner à l'eſprit de la juſteſſe & de le former au goût de la parfaite évidence, il n'eſt pas à propos de ſuppoſer quoi que ce ſoit pour vrai, ſans l'avoir demontré par ſes principes.

XIX.
Uſage des Fractions dans la Diviſion.

En traitant de la Diviſion nous n'avons pas expliqué ce que l'on faiſoit du reſidu quand il reſte quelque choſe, (comme cela ar-

K 4

arrive le plus ʃouvent) parce que nous n'a-
vions pas encore parlé des fraƈtions. Or ce
reʃidu devient Numerateur d'une fraƈtion,
dont le Diviʃeur eʃt Denominateur. Je diviʃe 13 par 2 j'ai pour Quotient 6 & pour
reʃidu 1, cela m'apprend que 13 contient 2,
6 fois & la moitié d'une fois, & le Quotient
total eʃt 6½.

Je diviʃe 40 par 6, j'ai pour Quotient 6,
& pour reʃidu 4, cela m'apprend que 40 eʃt
compoʃé de 2 parties dont l'une contient 6,
6 fois; & l'autre eʃt 4 qui contient 4 fois la
ʃixiéme partie de 6, de ʃorte que 6 eʃt dans
la premiere partie 6 fois preciʃément, &
dans la ʃeconde $\frac{4}{6}$ de fois & le Quotient total ʃera 6$\frac{4}{6}$ ou 6$\frac{2}{3}$.

$$13 \ (6\tfrac{1}{2} \qquad 2 \qquad 40 \ (6\tfrac{4}{6} \text{ ou } \tfrac{2}{3} \qquad 6$$
$$12 \qquad\qquad 6 \qquad 36 \qquad\qquad\qquad 6$$
$$\overline{} \qquad\quad \overline{} \qquad \overline{} \qquad\qquad \overline{}$$
$$1 \qquad\qquad 12 \qquad 4 \qquad\qquad\qquad 36$$

Je diviʃe 42468 par 48, j'ai pour Quotient
884 & pour reʃidu 36; Cela m'apprend que
42468 eʃt compoʃé de 2 parties. Dans la
grande, 48 eʃt contenu 884 fois; & dans la
petite 36, la quarante-huitiéme partie de 48
eʃt contenuë 36 fois; Donc le nombre 42468
contient le Diviʃeur 48, 884 fois & outre cela
36 fois ʃa quarante-huitiéme, de ʃorte que
pour quotient total, j'aurai 884$\frac{36}{48}$ & en re-
duiʃant la fraƈtion $\frac{36}{48}$ à ʃes plus petits termes j'aurai 884$\frac{3}{4}$ comme en effet le $\frac{1}{4}$ de
48 qui eʃt 12 eʃt contenu 3 fois dans le
reʃidu 36.

Il faut

Il faut donc faire du refidu un Numerateur & du Divifeur un Denominateur & reduire la fraction à fes plus petits termes.

$$42468\ (884\tfrac{36}{48} = \tfrac{3}{4} \qquad 48$$

$$384$$

$$4068$$
$$384$$

$$228$$
$$192$$

$$36$$

$$432$$

$$48$$
$$8$$

$$384$$

$$48$$
$$5$$

$$240$$

$$48$$
$$4$$

$$192$$

CHAPITRE XI.

*Addition & Souftraction tant fimple que
compofée des fommes qui contiennent des
efpeces differentes.*

DEs que l'on fe fera rendu familiere la
nature, la generation & les proprietés
des nombres, telles que nous les avons expofées, on n'aura aucune peine à joindre
enfemble plufieurs fommes de differentes
efpeces, non plus qu'à les fouftraire l'une
de l'autre.

I.
Addition.

K 5   Jᴇ

Je dois affembler en une fomme

	36 ⚹ · 10 ß 8 ⅔
	174 · 7 · 6
	328 · 11 · 10
-----	---------------
	540 · 6 · 0

**II.
Premier
Exemple.**

D'abord il faut fe fouvenir qu'un florin vaut douze fols, un fol douze deniers ; par confequent châque douzaine de deniers fe changera en autant de fols, deux douzaines vaudront deux fols, trois douzaines trois fols & quarante deniers vaudront trois fols & quatre deniers.

Il en fera ainfi des fols par rapport aux florins.

Je commence donc par les deniers , & je dis , 10 & 6 , font 16 & 8 font 24 , c'est deux douzaines , je pofe 0 fous les deniers & je retiens 2 fols pour les joindre avec les fols.

2 & 11 font 13, 13 & 7 font 20, 20 & 10 font 30 c'est deux douzaines , & 6 , je pofe fix fous les fols , & je retiens 2 florins pour les joindre avec les florins.

Je dis donc, 2 & 8 font 10, 10 & 4 font 14, 14 & 6 font 20, pofe 0 & retiens 2 &c.

**III.
Preuve.**

Pour s'affurer que l'on a bien operé, il faut faire à part l'addition de châque efpece en y apportant les précautions que nous avons indiquées ci-devant. Comme ici j'aurois fous les deniers 24, fous les fols 28, fous les florins 538, je diviferois 24 deniers par 12 & j'aurois 2 fols ; je joindrois ces 2 fols aux 28 fols, & la fomme 30 je la divi-

diviferois par 12, j'aurois fix fols ; & deux florins pour joindre à 538.

Enfuite, il faut reduire les deniers en les divifant par 12 & le quotient marquera des fols, & le refidu des deniers. L'on joindra les fols avec les fols, & la fomme on la divifera encore par 12, le quotient marquera des florins, & le refidu des fols, l'on joindra les florins avec les florins, & la feconde operation devra aboutir à la même fomme que la premiere.

J E dois joindre enfemble

54 livres	18 fols,	6 deniers	
32	15	9	
23	17	11	
111	12	2	

I V.
Second
Exemple.

La livre vaut 20 fols & le fol 12 deniers.

Je commence par les deniers 11 & 9 font 20 & 6 font 26 c'eft deux douzaines & 2, je pofe 2 fous les deniers, & je retiens 2 pour joindre aux fols : 2 & 17 font 19, comme 15 eft compofé de 10 & de 5, je dis 19 & 10 font 29 & 5 font 34, de même à l'égard de 18, 34 & 10 font 44 & 8 font 52, c'eft deux livres & 12 fols, je pofe 12 fous les fols, & je retiens 2 pour joindre avec les livres.

J E dois affembler en une fomme

724 jours	12 heures	36 minutes	
35	22	54	
59	2	23	
820	2	53	

V.
Troifiéme
Exemple.

Cha-

Chacun fait que 60 minutes valent 1 heure, & 24 heures 1 jour.

Comme les fommes font plus groffes, je dis 3 & 4 font 7, & 6 font 13, enfuite au lieu de dire pofe 3 & retiens 1, je dis fimplement 13 & 20 font 33, 33 & 50 font 83, 83 & 30 font 113 C'eft une fois 60 & 53, c'eft donc une heure & 53 minutes je pofe 53 fous les minutes, & je garde 1 pour joindre aux heures.

1 & 5 font 6, 6 & 2 font 8, 8 & 2 font 10; enfuite 10 & 10 font 20, 20 & 20 font 40, 40 & 10 font 50, c'eft-à-dire deux fois vingt & quatre, & deux, ou deux jours & deux heures, je pofe 2 fous les heures, & je retiens 2 pour joindre aux jours.

2 & 9 font 11, 11 & 5 font 16, 16 & 4 font 20, pofe 0, & retiens 2 &c.

VI.
Preuve
par 9.

APRES avoir ajouté des livres, des fols & des deniers, on peut faire l'examen de cette addition en écartant les 9 de cette maniere.

1°. Il faut commencer par les livres & ôter 9 des fommes partiales.

2°. Le reftant il faut le doubler pour le joindre avec les fommes partiales des fols: Or on double ce reftant, parce qu'une livre valant 20 fols dont le reftant eft 2; deux livres en valent 40 dont le reftant eft 4, trois livres 60, dont le reftant eft 6, & ainfi quand on a évalué les livres en fols, le reftant des fols s'exprime par un nombre double de celui qui exprimoit les reftants des livres.

3°. Quand on aura le reftant des fols; il faudra le tripler pour le joindre aux fommes

mes partiales des deniers , parce qu'un fol vaut douze deniers dont le restant est 3; deux fols valent vingt-quatre deniers , dont le restant est 6; & ainsi dès qu'on évaluë les fols en deniers , le nombre qui exprime le restant des deniers est triple de celui qui exprimoit le restant de la somme des fols.

Par la même raison en passant des Ecus aux Livres il faudroit tripler le restant, parce qu'un écu vaut trois livres.

En passant des jours aux heures il faudroit multiplier le restant des jours par 6, parce que un jour vaut vingt & quatre heures dont le restant est six.

DANS la Soustraction l'on range châque espece sous celle de son même nom.

VII.
Soustrac-
tion.

$$\begin{array}{llll} \text{De} & 3\overset{..}{8} \propto & \overset{.}{7} & \mathcal{6} \ 6 \ 8 \\ \text{J'ôte } 19 & & 9 & 9 \\ \hline & 18 & 9 & 9 \end{array}$$

Je ne puis ôter de 6 deniers 9 deniers , j'emprunte donc un fol dans la somme des fols , pour le joindre aux deniers & je le change en douze deniers, 12 & 6 font 18, de 18 j'ôte 9 reste 9.

De 6 fols je ne puis ôter 9 fols , je prens donc un florin dans la somme des florins & je le change en douze fols , 12 & 6 font 18, de 18, ôtez 9 reste 9.

De 7 florins je n'en puis ôter 9, j'emprunte une dixaine de florins qui avec sept florins fait 17 florins, de 17 ôtez 9 reste 8.

DE

VIII.
Second Exemple.

De même de 23 livres 15 fols & 6 den. fi je veux ôter 15   18   & 10

| | 7 | 16 | 8 |

De 6 deniers, je ne puis ôter 10, je tire donc un fol de la fomme precedente & le changeant en douze deniers, je dis 12 & 6 font 18, de 18 ôtez 10, refte 8.

De 4 je ne puis ôter 8, je joins donc la dixaine precedente avec les unités, & je dis de 14 ôtez 8, refte 6.

Puis de rien je ne puis ôter dix, j'emprunte donc une Livre ou 20 fols, de 20 fols ôtez 10, refte 10.

Puis de 12 livres j'ôte cinq livres, refte 7.&c.

De même de 365 jours 5 heures 49 min. fi j'ôte 254   8   48

| | 110 | 21 | 1 |

Car de 5 heures, ne pouvant en ôter 8, j'emprunte 24 heures dans la fomme des jours, 24 & 5 font 29, ôtez 8 refte 21.

La Souftraction fe prouve par l'Addition.

IX.
Multiplication.

On peut ainfi multiplier une fomme par des nombres qui exprimeront des quantités de diverfes valeurs : par exemple, je veux favoir à combien montent 25 aûnes, à 7 francs 12 fols 8 deniers l'aune.

La plus fimple methode qui fe prefente c'eft de multiplier

1°. 25 par 8 deniers, ce qui donne 200 deniers.

2°.

2°. 25 par 12 fols, ce qui donne 300 fols.

3°. 25 par 7, ce qui donne 175 livres.

Après quoi je réduis les 200 deniers en fols, en les divifant par 12, & j'ai 16 fols 8 deniers. Ces 16 fols je les joins aux 300, j'ai 316 que je divife par 20 pour les reduire en livres, ce qui me donne 15 livres 16 fols; Le produit total montera donc à 190 livres 16 fols 8 deniers.

ON en peut faire la preuve par 9 de cette maniere, le reftant du multiplié 25 c'eft 7, quant au multipliant, le reftant des livres eft 7, que je double & j'ai 14, d'où j'ôte 9, il me refle 5 pour joindre aux 12 fols, & je dis 5 & 1 font 6, 6 & 2 font 8, ce reftant 8, je le triple & j'ai 24 que je reduis à 6 par le retranchement des 9, pour le joindre aux 8 deniers, 6 & 8 font 14 refle 5.

X.
Preuve.

Par 5, reftant du *Multipliant*, je multiplie 7, reftant du *Multiplié* & j'ai 35 dont le refte eft 8.

Je viens enfuite au produit 190 livres 16 fols 8 deniers le reftant des livres c'eft 1 que je double pour le joindre aux 16 fols, & j'ai 18 dont il ne refte rien, ainfi refte le feul 8 des deniers, nombre qui égale le reftant precedent.

Si j'avois tout évalué en deniers, je fai que mon reftant auroit été 8, parce qu'en exprimant les livres par des fols, le reftant double; & ce double fe triple lorfqu'on exprime les fols par des deniers.

QUAND on a à multiplier 12 livres 8 fols 9 deniers par un grand nombre, comme par

XI.
Seconde
Pratique.

par 124, je ferai premierement la multiplication par 2; & le produit 24 livres 17 fols 6 deniers, il faudra le multiplier par 62, car c'eſt tout un de multiplier le double par la moitié, ou le ſimple par le double. Mais au lieu de multiplier d'abord par 62, je multiplie encore une fois 24 livres 17 fols ſix deniers par 2 & j'ai 49 livres 15 fols qu'il faudra multiplier par 31.

Comme 31 n'a pas de moitié, de tiers ni de quart, je le partage en trente & en un, pour multiplier premiérement ma ſomme par 30, & lui joindre cette même ſomme multipliée par 1.

Je multiplie donc 1°. 49 livres 15 fols par 3, & j'ai 149 livres 5 fols.

Je multiplie enſuite cette ſomme ainſi triplée par 10 en y ajoutant un 0, & j'ai 1490 livres 50 fols, ou 1492 livres 10 fols produits de 49 livres 15 fols par 30.

A ce produit j'ajoute 49 livres 15 fols, & la ſomme totale 1492 livres 5 fols eſt le produit que je cherchois.

On trouvera aiſément le moyen de partager ainſi le multipliant en parcelles; & on verra d'abord dans quel ordre il ſera plus commode de proceder, ſi on s'eſt une fois renduë familiere par l'exercice *l'habitude de diviſer* un nombre en ſes parties *aliquotes*, & quand il n'en a pas, d'en *retrancher* quelques portions qui laiſſent un nombre dont les diviſions ſoient commodes.

On auroit pu faire la premiere multiplication par 4, enſuite il l'auroit fallu faire par 31, & pour cet effet on auroit mis 1, à part, & on auroit fait la multiplication par 30.

Si

Si on a huit livres sept sols, quatre deniers à multiplier par 123, on peut d'abord multiplier par 3, & le produit 25 livres 2 sols, on le multipliera ensuite par 41, & si l'on veut on le multipliera premiérement par 40, & cela en deux fois, une fois par 4 donnera 100 livres 8 sols, & une fois par 10, ce qui donnera 1000 livres 80 sols, ou 1004 livres, & à ces 1004 il faudra ajouter 25 livres 2 sols pour avoir en tout 1029 livres 2 sols; car multiplier 25 livres 2 sols par 41, c'est les multiplier par 40 plus 1, desorte qu'après l'avoir déja pris 40 fois il faut le prendre encore une fois.

Quand on se sera familiarisé avec les nombres en raisonnant toûjours sur toutes les operations on fera soi-même ces choix de parties aliquotes, & ces suites de multiplications particulieres qui conduisent par degrés à un produit total, & il ne sera point necessaire de se charger la memoire de diverses tables qui l'embarraffent & s'en échapent aisément.

XII.
Avis.

Ce n'est pas un petit avantage de se former, en étudiant l'Arithmetique, à l'habitude de s'arrêter long-tems sur les principes & de se les rendre parfaitement familiers, avant que de paffer aux conséquences qui en naiffent. Un homme qui poffede les quatre premiéres regles & qui par une pratique foutenue de raisonnemens & de reflexion, s'en est rendu l'exercice aifé & fans obfcurité, ne trouvera rien dans le refte qui l'embarraffe.

XIII.
Autre
Avis.

Je conseille donc de divifer un nombre, comme par ex. 96, par 2, par 3, par 4 &c.

L

de

de mettre à part tous ceux qui l'auront divisé exactement, comme 2, 3, 4, 6, 8, 12, 16, 24, 32, 48.

Après cela on fera renaître ce même nombre 96 en multipliant chacun de ses diviseurs exacts par les quotiens qui lui repondent. Ce qu'on aura fait avec 96, on le fera avec 60, 120, 124, 144, 180 &c.

Quand on trouvera quelque nombre qu'il ne sera pas facile de diviser exactement, comme par exemple 147, on en retranchera quelques unités, après quoi on en fera la division; & ensuite en multipliant chacun de ses Diviseurs par les Quotiens qui leur répondent on reproduira ce même nombre, en ajoutant au produit les unités qu'on avoit retranchées, ainsi après avoir changé 147 en 144, on ajoutera trois aux produits. En s'accoutumant à cela on fera dans la fecondité de son Efprit un magazin fûr de parties aliquotes, cette fecondité en fera une reffource également juste & infaillible.

Diviseurs		Quotiens		Diviseurs		Quotiens
2		48		2		72
3		32		3		48
4	Divisé	24		4		36
6	96	16		6		24
8		12		8	144	18
Quotiens		Diviseurs		9		16
				12		12
				Quotiens		Diviseurs

On peut dire 2 fois 48. ou 3 fois 32 &c. c'est 96.

De même 4 fois 36, ou 6 fois 24, c'est 144.

On

On peut aller par parties & dire 2 fois trois font 6; six fois 16 font 96; ou 2 fois 8 font 16; 3 fois 16 font 48, 2 fois 48 font 96; ou 2 fois 24 font 48, 2 fois 48 font 96.

De même 3 fois 12 font 36, 2 fois 36 font 72 & 2 fois 72 font 144.

Il vaut mieux tirer de l'exercice & de son habitude avec les nombres la facilité de faire ces multiplications, par le moïen de ces Diviseurs exacts & de leurs Quotiens, qu'on appelle *parties aliquotes*, que de les tirer uniquement de sa memoire, qui peut souvent les présenter l'une pour l'autre quand on les y a mis sans jugement.

On peut de même proposer à diviser une somme dont les differentes parties tombent sur diverses quantités de diverse valeur. On donne, par exemple, à partager entre 4, 34 livres 18 sols, 9 deniers. L'exactitude de ce partage pourroit n'être pas à negliger, si c'étoit, par exemple, des livres sterlings. La methode que j'approuve le plus, c'est de reduire tout en deniers. Pour cet effet, 1°. je multiplie 18 par 12 & j'ai au lieu de 18 sols, 216 deniers, auxquels joignant les 9 qui me sont proposés, j'ai en tout 225 deniers au lieu de 18 sols 9 deniers.

2°. Une livre valant 20 sols, & un sol 12 deniers, une livre vaut vingt fois 12 deniers, je multiplie 34 par 240 & au lieu de 34 livres j'ai 8160 deniers, auxquels joignant les 225 de ci-devant, j'aurai 8385 deniers à diviser par 4, ce qui me donne pour chacun 2096 deniers & un quart.

XIV.
Division.

Je divife 2096 par 12, & par là je change 296 deniers en 174 fols 8 deniers.

Je divife après cela 174 par 20, & au lieu de 174 fols j'ai 8 livres 14 fols.

Chacun aura donc 8 livres 14 fols 8 deniers & un quart.

CHAPITRE XII.

De la Regle de Trois.

I.
Ce qu'on entend par la Regle de trois, & fes premiers fondemens.

QUAND on a trois nombres, la Methode d'en chercher un quatriéme qui foit grand en comparaifon du troifiéme comme le fecond eft grand en comparaifon du premier, cette Methode s'apelle *la Regle de Trois,* ou *de proportion.*

Quand on a *trois* nombres, on en cherche donc un *quatriéme* tel que l'on puiffe dire *le premier eft grand en comparaifon du fecond, comme le troifiéme en comparaifon du quatriéme.*

J'ai 2. 4. 3. le quatriéme fera 6, car 2 eft grand en comparaifon de 4, comme 3 en comparaifon de 6; 2 eft la moitié de 4, comme 3 eft la moitié de 6.

On fait donc deux comparaifons, l'une de 2 avec 4, l'autre de 3 avec 6. Ou l'on fera deux comparaifons, dans l'une l'on comparera les deux premiers termes entr'eux, dans l'autre l'on comparera le troifiéme avec le quatriéme. La premiere de ces comparaifons eft entiére, elle eft achevée, elle a fes deux termes donnés, mais

la

la feconde n'eft que commencée, l'on a fon premier terme & l'on cherche le fecond qui doit lui répondre.

Dans une comparaifon, le premier terme s'appelle *Antecedent*, & le fecond *Confequent*.

La grandeur d'un nombre comparée avec la grandeur d'un autre s'appelle le *rapport*, & auffi la *raifon* de ces deux nombres.

Pour connoître le rapport d'un *antecedent* à fon *confequent*, ou pour connoître combien le *premier* nombre eft *grand* en comparaifon du *fecond*, il faut les mefurer l'un & l'autre avec une *même mefure*, & il faut que cette mefure les mefure exactement l'un & l'autre. Pour cet effet, il faut chercher un nombre qui étant repeté & ajoûté plufieurs fois, forme une fomme égale au premier, & repeté encore plufieurs fois, forme une feconde fomme égale au fecond.

Je veux comparer 6 avec 8, je trouve que 2 repeté trois fois égale 6, & que repeté quatre fois il égale 8. La mefure de ces deux nombres fe trouve donc trois fois dans le premier & quatre fois dans le fecond; je conclus delà que le premier eft grand en comparaifon du fecond, comme 3 en comparaifon de 4, leur rapport eft le rapport de 3 à 4, le tiers de l'un c'eft le quart de l'autre.

Une partie qui repetée ainfi plufieurs fois, égale precifément le *tout*, s'appelle *partie aliquote*, deforte que pour comparer deux nombres, il en faut chercher un qui foit partie aliquote de l'un & de l'autre, & les mefurer tous deux avec cette même partie aliquote.

L 3

Cet-

Cette partie aliquote, cette mesure commune est Diviseur exact & commun de l'antecedent & du conséquent, puis qu'elle se trouve exactement plusieurs fois dans l'un & dans l'autre, desorte que pour *trouver cette mesure commune* il n'y a qu'à operer sur l'antecedent & sur le conséquent comme sur le *Numerateur & le Denominateur d'une fraction*, diviser l'un par l'autre, & le dernier Diviseur par le dernier restant, jusqu'à ce que l'on soit parvenu à un Diviseur exact, qui sera la mesure commune que l'on cherche.

Quelquefois l'antecedent est Diviseur exact du conséquent, ou le conséquent de l'antecedent, alors le Quotient seul indique la grandeur d'un terme en comparaison de celle de l'autre, car l'un est grand en comparaison de l'autre suivant qu'il le contient plus ou moins. Si je compare 2 avec 8, je vois que 2 est contenu quatre fois en 8, & 4 m'indique leur rapport. Si je compare 18 avec 6, 3 m'indiquera leur rapport.

Quelquefois aussi, il ne se trouve point d'autre mesure commune que l'unité; comme, entre 5 & 7, entre 17 & 24, & de tels nombres sont appellés *premiers entr'eux*.

Quand deux nombres ont plusieurs parties aliquotes communes, comme 36 & 48, qui ont 12, 6, 4, 2, il vaut mieux les mesurer l'un & l'autre par la plus grande parce que les rapports exprimés en plus petit nombre sont plus aisés à comprendre. Si je les divise par 12, leur rapport est celui de 3 à 4 si je les mesure par 4 il est de 9 à 12, si je les mesure par 2, il est de 18 à 24 : le pre-

premier eſt le plus ſimple & le plus mani-
feſte, les autres ſe font moins aiſément ſentir à meſure qu'ils ſont plus grands.

On voit donc que quand on compare
deux nombres, ſi l'on commence par le plus
grand, ou il contient l'autre pluſieurs fois
préciſement, ou il en contient pluſieurs fois
préciſement une certaine partie aliquote.
Mais ſi l'on commence par le plus petit, ou
l'antecedent eſt contenu pluſieurs fois préciſement dans le conſéquent ou une certaine partie aliquote de l'antecedent eſt contenuë pluſieurs fois dans le conſéquent, 12
contient 4 trois fois, 12 contient la moitié
de 8 trois fois, 3 eſt contenu en 15 cinq
fois, le quart de 12 eſt contenu en 21 ſept
fois; le rapport conſiſte donc dans une maniere de contenir ou d'être contenu.

Ce n'eſt pas aſſez de comprendre ces principes, il faut ſe les rendre familiers en les
repaſſant & en les apliquant à pluſieurs exemples.

QUAND on propoſe à reſoudre une
queſtion qui roule ſur trois nombres, &
qu'il en ſaut chercher un quatriéme qui ſoit
grand ou petit en comparaiſon du troiſiéme,
comme le ſecond eſt grand ou petit en comparaiſon du premier, il faut 1e. marquer
trois points ſur le papier & ſeparer les deux
premiers d'avec le troiſiéme par une ligne
de haut embas

. . |.

Il faut 2°. ſéparer la comparaiſon achevée, & de laquelle les deux termes ſont
donnés de la comparaiſon commencée, de
laquelle l'on n'a que *l'Antecedent.*

L 4   Le

II.
Premiere
pratique:
arrange-
ment des
termes.

Le fens commun fuffit pour faire cette feparation, il n'y a qu'à fe demander à foi même, Que cherche-je? De quoi s'agit-il? Que faut-il que je trouve?

Le terme auquel on en cherche un de même nature, de même nom, de même efpece, de même qualité, c'eft l'antecedent de la feconde comparaifon qu'il faut placer au troifiéme point.

Trois Ouvriers font quinze toifes, combien en feront 9? Dequoi s'agit-il? De toifes. Que me demande-t-on? Des toifes. Je place donc 15 au troifiéme point, c'eft l'antecedent (. . | 15.) auquel je cherche un conféquent; l'autre comparaifon qui roule fur les Ouvriers a déja fes deux termes.

Avec 100 piftoles on en gagne 30. Combien en gagnera-t-on avec 250? Dequoi s'agit-il? Il s'agit de gain. Que demande-t-on? Que je trouve les piftoles que l'on gagnera. 30 fera donc l'antecedent auquel on cherche un conféquent, . . | 30.

J'acheve un livre en douze jours en étudiant 4 heures, par jour: fi j'étudiois 6 heures en combien de jours l'acheverois-je? Dequoi s'agit-il? De jours. Que demandez-vous? Les jours que j'employerai à lire. 12 eft donc l'antecedent auquel je cherche un conféquent, . . | 12.

J'acheve un livre en 15 jours en étudiant 3 heures par jour: Pour l'achever en 12 jours, combien d'heures faudroit-il étudier chaque jour? Je cherche des heures, & je mets . . | 3 pour l'antecedent de la comparaifon qui refte à achever.

Après

Après cela 3º. il faut penſer à ranger les deux termes de la comparaiſon qui eſt entiere, & pour cet effet chercher ſi elle va en croiſſant du petit antecedent au grand conſéquent, ou en diminuant du grand antecedent au petit conſéquent. Comme les deux comparaiſons doivent proceder l'une comme l'autre, afin de bien ranger les deux termes de la premiere, je me demande ſi la ſeconde doit aller en croiſſant ou en diminuant ? Tant ſoit peu d'attention ſuffit pour voir d'abord cela en gros, & s'il faut du calcul, ce n'eſt que pour le connoître en détail.

Par exemple, nous avons formé quatre queſtions; ſur la premiere, je demande, 9 Ouvriers feront-ils plus que 3 ? Je vois que oui, je conclus que les toiſes croiſſent & je fais l'antecedent plus petit que le conſéquent. 3. 9. | 15.

Dans la ſeconde, je vois que 250 gagneront plus que 100, je vai donc encore du petit au grand, 100, 250 | 30.

Dans la troiſiéme, je comprens d'abord que ſi j'étudie 6 heures, j'aurai plûtôt fait, & je demeurerai moins de jours que ſi je n'étudiois que 4 heures, les jours vont donc en diminuant, & il faut que l'antecedent ſoit le plus grand nombre. 6. 4 | 12.

Dans la quatriéme je vois que pour achever en moins de jours il faut étudier plus d'heures, le conſéquent va donc en croiſſant, deſorte que de 12 & 15 je dois prendre le plus petit nombre pour l'antecedent. 12. 15 | 3.

L 5

Cᴇᴛ-

CETTE methode exerce le jugement en même tems qu'elle inftruit dans l'Arithmetique, elle a encore l'avantage de rendre fuperfluë la diftinction de la Regle de trois en *directe* & *indirecte*, elle eft fuffifante pour tous les cas; or on fait qu'une methode fimple & uniforme eft preferable à des voyes multiples, & plus compofées.

Il eft incomparablement plus facile de fe former à cet arrangement que de diftinguer fi la Regle eft directe ou indirecte pour fe prendre à la refoudre par des voyes differentes. Il n'y a qu'à comparer les regles que l'on donne pour faire ce difcernement avec la methode que je viens de confeiller.

Mais j'ai remarqué que les Maîtres fe contentent de faire exécuter des exemples de l'une & de l'autre, fans former leurs Difciples à les demêler aifément, car comme ce difcernement embaraffe le Difciple, fouvent le Maître eft lui-même embaraffé à le faire comprendre.

APRE'S avoir rangé ces trois termes, on vient au calcul, commençons par la pratique la plus fimple, & par les cas dans lefquels l'*unité* eft le *premier* des trois termes, ou l'antecedent de la premiere comparaifon; Par exemple, foient les trois termes 1. 12. 4 : il faut chercher un quatriéme nombre qui foit grand en comparaifon de 4 comme 12 eft grand en comparaifon de 1, ou qui contienne 4 comme 12 contient 1.

Il eft évident qu'on aura ce quatriéme terme fi on ajoute douze fois 4, ou fi on
mul-

multiplié 4 par 12 ; puisque le produit contient le multiplié comme le multipliant contient l'unité, 48 contient 4 comme 12 contient 1.

Dans tous les cas donc où l'unité est le premier terme des trois, il ne faut que multiplier un des deux suivans par l'autre, & on aura le quatriéme qu'on cherche.

Mais si au lieu de 1. 2. 4. j'avois eu 2. 12. 4. après avoir multiplié 12 par 4 j'ai 48 qui contient bien 4 douze fois, mais 12 ne contient pas 2 douze fois, il ne le contient que la moitié de 12 fois, parce que 2 est le double de l'unité, ainsi au lieu de 48, il faut avoir un autre nombre qui contienne 4 non pas douze fois, mais la moitié de douze fois, & pour cet effet il faut diviser 48 par 2.

Si j'avois eu 3. 12. 4, après avoir multiplié 4 par 12 j'aurois 48, mais au lieu de 48, qui contient 4 douze fois comme 12 contient l'unité, il en faut avoir un qui contienne 4 trois fois moins, parce que 12 contient 3, trois fois moins qu'il ne contient l'unité, il faut donc rendre le produit 48 trois fois plus petit, & par conséquant le diviser par 3.

Si j'avois 8. 12. 4. après avoir fait la multiplication du second par le troisiéme, le produit 48 contiendroit 4 douze fois, au lieu que le second terme 12 contient le premier 8, non pas douze fois, mais huit fois moins que douze fois. Pour avoir donc un quatriéme nombre qui contienne de même 4 il faut rendre 48, huit fois plus petit, & par conséquent le diviser par 8.

Ainsi

Ainsi dès que les trois termes sont rangés, 1°. on multiplie le second par le troisiéme, ou le troisiéme par le second, (selon qu'il est plus commode) Après quoi on divise le produit par le premier, & le quotient de cette division donne toujours le quatriéme terme que l'on cherche.

Le produit du troisiéme par le second donne un nombre qui contient le troisiéme comme le second contient l'unité, & l'operation est achevée quand on a l'unité pour premier terme.

Mais quand le premier terme surpasse l'unité, comme il est contenu dans le second d'autant moins de fois que l'unité, qu'il contient lui-même plus de fois cette unité; il faut que le quatriéme terme contienne aussi moins de fois le troisiéme, & devienne petit en comparaison de ce qu'il étoit immediatement après la multiplication, suivant que le premier terme est grand en comparaison de l'unité. C'est ce que la division du produit par le premier terme execute, car le quotient est toujours petit en comparaison du divisé, selon que le Diviseur est grand en comparaison de l'unité.

V.
Remarque
qui justifie
la regle.

Cette demonstration, en nous decouvrant les fondemens de la Regle, nous apprend encore d'où vient qu'il est très-souvent necessaire de poser les termes tout autrement que la Question ne les presente. Cette transposition se fait afin que les deux Comparaisons puissent aller l'une comme l'autre en croissant ou en diminuant; car si le premier terme est plus petit que le second, le multipliant étant grand le produit le sera

aussi,

auffi, & ce produit déja grand par fon Multipliant étant divifé par le premier terme,
qui eft le plus petit de la premiere comparaifon, donnera un plus grand quotient ; au
lieu que fi le premier terme avoit été le plus
grand de la premiere comparaifon, la multiplication qui fe feroit faite par le fecond
auroit donné un plus petit produit , & ce
produit déja petit par là, venant à être divifé par le premier terme qui eft le plus grand
donneroit un Quotient plus petit.   En un
mot après avoir fait une multiplication &
une divifion on aura un quatriéme nombre
plus grand que le troifiéme, fi le Multipliant
eft plus grand que le Divifeur ; plus petit,
fi le Divifeur eft plus grand que le Multipliant , car c'eft en multipliant qu'on augmente , & en divifant qu'on diminuë , &
par conféquent le quatriéme terme croîtra
ou baiffera en comparaifon du troifiéme dans
la proportion que le fecond , qui augmente,
hauffe ou baiffe par deffus le premier , qui
diminuë.

ON multiplie donc le fecond terme par
le troifiéme, ou le troifiéme par le fecond ,
fuivant qu'il eft plus commode ; or le produit de cette multiplication fi on le divife
par le fecond terme , on aura pour Quotient le troifiéme. Mais ce Quotient n'a-
boutiroit à rien , car on ne cherche pas le
troifiéme que l'on a déja ; on en cherche un
quatriéme different du troifiéme. Pour avoir
un autre Quotient il faut changer de Divifeur , je divife donc mon produit par le premier terme , & qu'arrive-t-il de cette divifion ? 1°. J'ai un fecond Quotient different

VI.
Autre de-
monftra-
tion de la
regle.

du

du troisiéme terme. 2°. Si le premier terme est plus petit que le second, c'est-à-dire,
si la premiere comparaison va en croissant,
mon second Quotient croîtra par dessus le
premier, & ce premier Quotient étant le
troisiéme terme, ma seconde comparaison
ira aussi en croissant. 3°. Si le premier terme
est plus grand que le second, c'est-à-dire, si
la premiere comparaison va en diminuant,
le second Quotient sera aussi plus petit que
le premier, & par conséquent le quatriéme
terme plus petit que le troisiéme, & la seconde comparaison ira aussi en diminuant.

$$\text{J'ai } 3.\ 9 :: 15. \qquad 45$$
$$9$$
$$\overline{}$$
$$135\ (15 \qquad 9$$
$$9 \qquad\qquad 5$$
$$\overline{} \qquad \overline{}$$
$$45 \qquad\quad 45$$

Je multiplie 9 par 15, & j'ai 135.

Je divise 135 par 9 & j'ai 15 pour Quotient, car quand je divise un produit par
l'une de ses racines j'ai pour Quotient l'autre : 135 c'est 9 ajouté 15 fois, 9 y est
donc 15 fois.

Mais si je prens 3 pour Diviseur, mon
Diviseur diminuant, mon Quotient croîtra, & ma seconde comparaison ira aussi
bien que la premiere en augmentant.

$$135 \quad (45 \qquad 3$$
$$12 \qquad\qquad\quad 4$$
$$\overline{} \qquad\qquad \overline{}$$
$$15 \qquad\qquad\quad 12$$
$$15 \qquad\qquad \overline{}$$
$$\overline{} \qquad\qquad\quad 3$$
$$00 \qquad\qquad\quad 5$$
$$\qquad\qquad\qquad \overline{}$$
$$\qquad\qquad\qquad 15$$

J'ai 6. 4 : : 12. 8

Je multiplie 12 par 4

& j'ai $\qquad$ 48 (12
que je divife par 4
& j'ai 12

Je change de Divifeur & je prens 6. J'ai pour Quotient 8 , car le fecond Divifeur 6 croiffant, le fecond Quotient baiffe & la feconde comparaifon va en diminuant comme la premiere.

$$48 \;(8$$
$$6$$
$$\overline{0}$$

L'on voit par là encore une fois la raifon pour laquelle il faut fouvent tranfpofer les termes de la queftion , car c'eft afin que les deux comparaifons puiffent aller l'une comme l'autre en croiffant ou en diminuant , car fi le fecond des trois termes eft plus grand que le premier, le produit fera plus grand , & ce produit plus grand étant divifé par un petit Divifeur donnera un Quotient plus grand, au lieu que fi le

fecond

second terme avoit été plus petit que le premier le produit auroit diminué, & le Diviseur seroit augmenté, & par ces deux raisons le Quotient seroit devenu plus petit.

$$\begin{array}{lll} \text{Si j'ai} & 3. \ 6. \ // \ 9 & \\ \text{Je multiplie } 9 & \text{par} & 6 \\ \hline \text{\& j'ai} & & 54 \\ \text{Je divise par} & & 3 \quad \text{\& j'ai} \ \big(18 \\ \hline \end{array}$$

$$\text{Mais si j'ai} \quad 6. \ 3. \ // \ 9.$$

$$\begin{array}{c} 3 \\ \hline 27 \\ 24 \\ \hline 3 \end{array} \Big(4 \ \frac{3}{6} = \frac{1}{2}$$

Je multiplie 9 par 3 & j'ai 27

Le produit 27 plus petit que 54 est encore divisé par un Diviseur plus grand, & je ne trouve pour Quotient que $4\frac{1}{2}$.

VII.
On la rend
plus pre-
cise.
NONSEULEMENT si l'une va en croissant l'autre croît aussi, & si la première diminuë la seconde va aussi en diminuant, mais elles croissent & diminuent l'une de la même maniere, & dans la raison que l'autre, & pour le comprendre nettement remarquez

1°. Que soit que l'on dise, le premier terme est grand en comparaison du second, ou le second est petit en comparaison du premier

mier, ces deux expreſſions viennent au même ſens, autant que le premier eſt grand en comparaiſon du ſecond, autant le ſecond eſt petit en comparaiſon du premier, & reciproquement, autant que le ſecond contient le premier, autant le premier eſt contenu dans le ſecond.

2°. Le Quotient contient l'unité autant que le Diviſé contient le Diviſeur, & par conſéquent le Quotient contient d'autant plus l'unité que le Diviſeur eſt petit, ou, le Quotient croît dans la même raiſon que le Diviſeur baiſſe.

Autant donc que le premier terme eſt grand en comparaiſon du ſecond, autant le quatriéme eſt petit en comparaiſon du troiſiéme, ou, ce qui revient au même, le troiſiéme devient grand en comparaiſon du quatriéme; & autant que le premier ſera plus petit que le ſecond, autant le quatriéme ſera plus grand que le troiſiéme, ou, ce qui revient au même, le troiſiéme ſera petit en comparaiſon du quatriéme, & les deux comparaiſons iront exactement de la même maniere.

$$8.\ 2.\ \big|\ 48.\ 12$$
$$2$$

$$\begin{array}{c} 96 \\ 8 \end{array} \big(\ 12$$

$$\begin{array}{cc} 16 & 8 \\ 16 & 2 \end{array}$$

$$\begin{array}{cc} 00 & 16 \end{array}$$

Autant que le second Diviseur 8 est grand en comparaison de 2 premier Diviseur, autant 12, second Quotient, devient petit en comparaison de 48 premier Quotient de 96 divisé par 2.

$$3.\ 12.\ \big|\ 16.\ 64$$
$$12$$

$$\begin{array}{c} 32 \\ 16 \end{array}$$

$$\begin{array}{cc} 192 & \\ 18 \end{array} \big(\ 64 \qquad \begin{array}{c} 3 \\ 6 \end{array}$$

$$\begin{array}{cc} 12 & 18 \\ 12 & \\ & 3 \\ 00 & 4 \end{array}$$

$$12$$

Autant que 3, second Diviseur, est petit en comparaison de 12 premier Diviseur, autant 64, second Quotient, est grand en comparaison de 16 premier Quotient de 192 divisé par 12.

Qᴜᴇʟ-

QUELQUEFOIS le 4 terme est accompa- gné d'une fraction.

$$8. \quad 12 :: 25 \qquad\qquad 37\tfrac{4}{8} = \tfrac{1}{2}$$

$$
\begin{array}{cc}
3 & 12 \\ \hline
24 & 50 \\ \hline
8 & 25 \\ \hline
7 & 300 \quad\big(\,37 \\
56 & 24 \\ \hline
 & 60 \\
 & 56 \\ \hline
 & \backslash\,4
\end{array}
$$

8 est grand en comparaison de 12 com- me 25 en comparaison de $37\tfrac{1}{2}$.

8 contient deux fois le $\tfrac{1}{3}$ de 12, & $\tfrac{50}{2}$ é- gal à 25, c'est deux fois $\tfrac{25}{2}$, & $\tfrac{25}{2}$ c'est le $\tfrac{1}{3}$ de $37\tfrac{1}{2}$ ou, de $\tfrac{75}{2}$.

Quelquefois l'un des trois termes de la question est exprimé par une fraction, alors si ce terme est le troisiéme, ou l'antecedent de la seconde comparaison il faut operer a- vec le Numerateur seul, & donner ensuite au quatriéme terme le même Denomina- teur qu'avoit le troisiéme.

6 Ouvriers avoient achevé un travail en 4 jours$\tfrac{1}{2}$, 12 Ouvriers en combien de jours le finiront-ils? Je cherche des jours : je pla- ce donc 1°. $4\tfrac{1}{2}$ à la troisiéme place ; 2°. comme 12 Ouvriers demeureront moins je fais aller la comparaison en diminuant & je commence par 12. 6 :: $4\tfrac{1}{2}$, 3°. Je change $4\tfrac{1}{2}$ en $\tfrac{9}{2}$ & j'ai 12. 6 :: $\tfrac{9}{2}$. 4°. J'opere avec 9 en me

 fou-

fouvenant qu'il marque des moitiés , & j'ai

$$12.\ 6 : : \quad 9$$
$$4 \qquad 6$$
$$\overline{48} \qquad \overline{}$$
$$\begin{array}{c} 54 \\ 48 \end{array} \Big(\quad 4\tfrac{6}{12} = \tfrac{1}{2}$$
$$\overline{6}$$

J'ai pour Quotient $4\frac{1}{2}$; ce Quotient marque des moitiés , j'ai donc quatre moitiés,
& une moitié de moitié, c'eſt-à-dire $\frac{1}{4}$, ajou-
tant le total $\frac{4}{2}$ & $\frac{1}{4}$ ou $\frac{16}{8}$ & $\frac{2}{8}$ j'ai $\frac{18}{8}$, & diviſant chaque terme par 2 j'ai $\frac{9}{4}$.

$$12.\ 6 : : \tfrac{9}{2} \tfrac{9}{4}$$

12 eſt le double de 6. $\frac{9}{2}$ eſt double de $\frac{9}{4}$.

Si l'un des termes fractionnés appartient
à la premiere comparaiſon il faut 1°. frac-
tionner l'autre terme; 2°. les reduire aux
mêmes Denominateurs; 3°. operer par les
Numerateurs ſeuls, car deux fractions reduites aux mêmes Denominateurs ont le même rapport entr'elles que leurs Numera-
teurs, $\frac{2}{3}$ eſt à $\frac{1}{3}$ comme 2 à 1, $\frac{5}{6}$ à $\frac{3}{6}$ comme
5 à 3.

J'ai achevé un livre en 24 jours en étudiant 3 heures chaque jour, en combien de
tems l'acheverois-je ſi j'étudiois $4\frac{1}{2}$? 1°. Je
cherche des jours, 2°. je demeurerai moins
en étudiant $4\frac{1}{2}$ que quand j'étudierai ſeulement 3 heures, j'ai donc — — — — — —

$\frac{9}{3} \frac{6}{2} | 24$ J'opere avec les feuls Numera-

9. 6 | 24   teurs.

6   6

54   144 (16
          9

          54
          54

          ∞

& je trouve 9. 6: :   24. 16.

Il me faut 60 aûnes d'une étoffe qui a $\frac{3}{4}$, combien en faudra-t-il d'une étoffe qui a 1 aûne & $\frac{1}{3}$?

1°. Je change 1 aûne & $\frac{1}{3}$ en $\frac{4}{3}$, 2°. je cherche des aûnes, 3°. je reduis aux mêmes Denominateurs les deux termes de la premiere comparaifon & j'ai au lieu de $\frac{3}{4}$ & $\frac{4}{3}$ $\frac{9}{12}$ & $\frac{16}{12}$, 4°. j'opere avec 9 & 16, & je vois que de celui qui a 16 de largeur il m'en faut moins.

Je pofe donc   16. 9: : 60
          3   9

          48   540 (33$\frac{12}{16}$ = $\frac{3}{4}$
                    48

                    60
Et je decouvre qu'il   48
me faudra 33$\frac{3}{4}$
                    12

Cette pratique rend fuperfluë la Divifion & la Multiplication des fractions par d'autres fractions, laquelle feroit neceffaire s'il

M 3   ne

ne fuffifoit pas d'operer par les Numerateurs.

Si je m'étois fervi de la Multiplication &
de la Divifion des fractions : Dans le premier exemple j'aurois ainfi établi ma Regle:
$\frac{2}{2} \frac{3}{1} : : \frac{24}{1}$, en changeant les entiers en
fractions par le Denominateur 1..

J'aurois multiplié $\frac{3}{1}$ par $\frac{24}{1}$ & j'aurois eu
$\frac{72}{1}$ qu'il auroit falu divifer par $\frac{2}{2}$.

En reduifant ces deux fractions aux mêmes Denominateurs, j'aurois eu au lieu de
$\frac{72}{1}$, $\frac{144}{2}$ & en divifant $\frac{144}{2}$ par $\frac{2}{2}$ j'aurois eu
$\frac{144}{9}$, fraction qui vaut 16 entiers.

Dans le fecond exemple j'aurois fait
$\frac{4}{3} \frac{3}{4} : : \frac{60}{1}$. & en multipliant $\frac{60}{1}$ par $\frac{3}{4}$ il me
feroit venu $\frac{180}{4}$. Pour divifer cette fraction
par $\frac{4}{3}$, je les aurois premiérement reduites
aux mêmes Denominateurs & j'aurois eu à
divifer $\frac{540}{12}$ par $\frac{16}{12}$, ce qui m'auroit donné
pour Quotient la fraction $\frac{540}{16}$ qui eft égale
à 33 entiers & $\frac{12}{16}$ ou à 33 entiers & $\frac{3}{4}$.

On n'a qu'à continuer des exemples de
l'une & de l'autre methode & on fe convaincra de la facilité de celle que je confeille.

LORS que les deux termes de la premiere comparaifon fe terminent l'un & l'autre
par des 0, il n'y a qu'à en retrancher autant dans l'un que dans l'autre, j'ai 6000.
8000 : : 24.

Il eft évident que 6 eft en comparaifon de
8 ce qu'eft 6000 en comparaifon de 8000,
tout comme 6 eft en comparaifon de 8, ce
qu'eft 6 piftoles en comparaifon de 8 piftoles.

Au-

IX.
Abregés.

Autant que je diminuë le produit en multipliant 24 par 8 plûtôt que par 8000, le rendant ainsi mille fois plus petit, autant je diminuë le Diviseur 6000, quand je le change en 6, & par conséquent, autant j'augmenterai le Quotient qui croît comme le Diviseur decroît, & qui par là sera le même, car l'on a le même Quotient si le Diviseur baisse de même que le Divisé.

Si je divise 24 multiplié par 8000, par 6000 (32

```
        8000                        3
    ————————————            ————————————
égal à 192000                    18000
       18000             ————————————
    ————————————                  6000
       12000                        2
       12000             ————————————
    ————————————                 12000
        00000
```

J'aurai le même Quotient 32 que si je divisois 192 par 6, car 6 unités sont à 192, comme six mille sont à cent nonante deux mille.

En general donc pourvû que l'on diminuë également & le terme Multipliant, & le terme Diviseur en gardant entr'eux le même rapport, on aura toujours le même nombre pour quatriéme terme.

Pour faire juste cette diminution, il faut chercher leur Diviseur, & après les avoir divisés l'un & l'autre par ce Diviseur commun, operer par les Quotiens.

J'ai 384. 756, 132, je divise 756 par 384 j'ai

```
        384
    ————————————
pour rest. 372
```

M 4   Je

Je divife   384
par ce reftant —— ——   372

& j'ai pour fecond reftant   12

Je divife donc 372 par 12

$$372\ (31 \qquad 12$$
$$\underline{36} \qquad\qquad \underline{3}$$
$$12 \qquad\qquad\quad 0\ \underline{}\ 36$$

12 eft le Divifeur exact par lequel je divife
384 & 756, & j'ai

$$384\ (32 \qquad 12 \qquad\qquad 756\ (63 \qquad 12$$
$$\underline{36} \qquad\qquad \underline{3} \qquad\qquad \underline{72} \qquad\qquad \underline{6}$$
$$24 \qquad\qquad 36 \qquad\qquad\quad 36 \qquad\qquad 72$$
$$\underline{24} \qquad\qquad \underline{} \qquad\qquad \underline{^1 36} \qquad\qquad \underline{}$$
$$00 \qquad\qquad 12 \qquad\qquad\quad 00 \qquad\qquad 12$$
$$\qquad\qquad\quad \underline{2} \qquad\qquad\qquad\qquad\qquad \underline{3}$$
$$\qquad\qquad\quad 24 \qquad\qquad\qquad\qquad\qquad 36$$

les deux Quotiens 32 & 63 par lefquels j'o-
pere 32. 63 | 32. 63. J'aurois eu la même
chofe en multipliant 756 par 32, & en divifant le produit par 384.

Lors que dans l'arrangement l'unité eft le
fecond, ou le troifiéme terme, je divife fimplement l'autre nombre par le premier, car
le produit du plus grand nombre par 1, c'eft
ce même nombre.

$$2\quad 1 :: 6.\ 3$$
$$3.\ 12 :: 1.\ 4$$

Et lorfque l'unité eft le premier terme l'on
ne fait qu'une multiplication comme nous
l'avons déja vû, 1. 8 :: 6. 48.

Car

Car l'unité eſt au Multipliant ce que le Multiplié eſt au produit, par conſéquent une ſeule multiplication acheve la proportion.

CHAPITRE XIII.

De la Regle de Trois compoſée.

QUAND la queſtion renferme plus de trois termes, il faut la reſoudre par deux ou pluſieurs Regles de trois conſecutives.

I. Methode.

3 Ouvriers font 12 toiſes en 6 jours, en travaillant 9 heures par jour ; 6 Ouvriers combien feront-ils de toiſes en 4 jours, en travaillant 12 heures par jour ?

II. Premier Exemple.

1°. Je cherche des toiſes, je mets donc . .]. 12

2°. Le changement qui doit arriver dans les toiſes travaillées depend des Ouvriers, des jours, des heures ; il faudra donc faire trois comparaiſons, ou trois Regles de trois.

3°. Je commence par les Ouvriers, & comme 6 en feront plus que 3, j'écris

$$3 \cdot 6 \;|\; 12 \qquad\qquad 3$$
$$6 \qquad\qquad\qquad 2$$
$$\overline{} \qquad\qquad \overline{}$$
$$\begin{array}{c} 72 \\ 6 \end{array} \big(24 \qquad\qquad 6$$
$$\overline{} \qquad\qquad \overline{}$$
$$12 \qquad\qquad\qquad \begin{array}{c} 3 \\ 4 \end{array}$$
$$\overline{} \qquad\qquad \overline{}$$
$$00 \qquad\qquad\qquad 12$$

$$M\;5 \qquad\qquad\qquad 4°.\text{ Je}$$

4°. Je decouvre que le changement d'Ouvriers change mes toises en 24, je fais donc
trois points & au troisiéme je place l'ante-
cedent 24 . . | 24

5°. Je dis ensuite, mes nouveaux Ouvriers
font en 6 jours 24 toises , combien en feront-ils en quatre ? Moins ; & j'écris

$$
\begin{array}{c}
6. \ 4 \ | \ 24 \qquad\qquad 16 \\
4 \qquad\qquad\qquad 6 \\
\hline
96 \quad (16 \qquad\qquad 6 \\
6 \qquad\qquad\qquad \hline \\
\qquad\qquad\qquad\qquad 36 \\
\hline
36 \\
36 \\
\hline
00
\end{array}
$$

6°. Le changement des jours, reduit mes
toises à 16, je place donc le nouvel ante-
cedent 16. . . | 16

7°. En travaillant 9 heures , j'avois 16
toises , en travaillant 12 heures j'en aurai
plus. 9. 12 : : 16

Pour abreger au lieu de 9. 12 je mets

$$
\begin{array}{c}
3. \ 4 : : \ 16 \\
4 \\
\hline
64 \quad (21\tfrac{1}{2} \\
6 \\
\hline
04 \\
3 \\
\hline
1
\end{array}
$$

Je trouve 21⅓ & la queſtion eſt reſoluë.

J'EN donnerai encore un exemple où les fractions entreront.

Pour tapiſſer 84 pieds, il me faut 64 aûnes d'une étoffe qui a une aûne & demi de largeur; avec 100 d'une étoffe qui a ⅔ combien de pieds tapiſſerai-je ?

1°. Je cherche des pieds, & je mets .. | 84

2°. Je les compare avec les aûnes & la comparaiſon ira en croiſſant, 64. 100. | 84

3°. A la place de 64 & 100, en les diviſant chacun par 4

Je mets 16. 25 | 84   131¼

$$25$$
$$\overline{}$$
$$420$$
$$168$$
$$\overline{}$$
$$2100 \quad \left(131 \tfrac{1}{16} = \tfrac{1}{4} \right.$$
$$16$$
$$\overline{}$$
$$500$$
$$48$$
$$\overline{}$$
$$20$$
$$16$$
$$\overline{}$$
$$4$$

4°. J'ai pour quatriéme terme 131 ¼; je change tout en quarts & j'ai $\tfrac{525}{4}$

5°. J'opere avec 525, me ſouvenant que ce ſont des quarts.

6°. Je reduis une aûne & ½ ou 3/2 & ⅔ aux mêmes Denominateurs, j'ai 9/6 & 4/6 & j'opere avec 9 & 4.

7°. A·

7°. Avec 4 de largeur, je tapisserai moins d'étenduë, la comparaison va en diminuant & je mets

$$9 \cdot 4 :: 525$$
$$4$$
$$2100 \quad (233\tfrac{1}{9} = \tfrac{1}{3}$$
$$18$$
$$300$$
$$27$$
$$3\text{o}$$
$$27$$
$$3$$

J'ai pour quatriéme terme $\frac{233}{4}$ & $\frac{1}{3}$ de quart, c'est-à-dire $\frac{1}{12}$, en divisant 233 par 4 j'ai pour Quotient $58\frac{1}{4}$ ce qui m'aprend que 233, font égaux à 58 entiers & $\frac{1}{4}$ J'ajoute $\frac{1}{4}$ & $\frac{1}{12}$ & j'ai $\frac{16}{48} = \frac{1}{3}$. Je tapisserai donc dans cette supposition 58 pieds & $\frac{1}{3}$.

I V.
Troisiéme
Exemple.

Avec 120 mesures de bled on nourrit 64 personnes pendant 15 semaines, en donnant à chacun par jour 2 livres & $\frac{1}{4}$ de pain. Combien faudra-t-il de mesures pour nourrir 96 personnes pendant 9 semaines, en donnant à chacun 1 livre & $\frac{2}{3}$.

Je commence par comparer les personnes avec les mesures; celles-ci doivent croître dans la même proportion que les personnes à nourrir. J'établis donc pour ma première Regle 64. 96 :: 120, & en reduisant la premiere comparaison à ses plus petits termes j'ai 2. 3 :: 120. 180.

Après

Après avoir vû quel changement les personnes font aux mesures, je passe à chercher
celui qu'y font les semaines, & je dis, pendant
15 semaines il faut 180 mesures ; combien
en faudra-t-il pendant 9? Moins, & j'établis
cette proportion.

$$15 . 9 :: 180 ; \text{ ou } 5 . 3 :: 180 . 108$$

Ensuite je reduis aux mêmes Denomina-
teurs les fractions 2 & $\frac{1}{4}$ ou $\frac{9}{4}$ & 1 & $\frac{2}{3}$ ou $\frac{5}{3}$ &
au lieu de $\frac{9}{4}$ & $\frac{5}{3}$, j'ai $\frac{27}{12}$ & $\frac{20}{12}$.

J'opere avec les seuls Numerateurs & je
dis, quand je donne chaque jour 27 de poids,
il faut que ma provision soit de 108 mesures : A quoi devra-t-elle monter, quand je
ne donnerai que 20? A moins, & j'établis
cette proportion

$$27 . 20 : : 108 . 80.$$

18 Ouvriers ont fait en 12 jours 8 toises,
en travaillant chaque jour 8 heures : combien faudroit-il d'Ouvriers pour faire en 7
jours 20 toises, en travaillant chaque jour 9
heures ?

La premiere proportion sera 8. 20 :: 18.
ou 2. 5 :: 18. 45.

La seconde 9. 8 :: 45. 40.

La troisiéme 7. 12 :: 40. 68 $\frac{4}{7}$

Il faudroit donc pendant 7 jours 68 Ou-
vriers & $\frac{4}{7}$. Que fera-t-on de ces $\frac{4}{7}$ d'Ouvriers?
$\frac{4}{7}$ pendant 7 jours font en tout $\frac{28}{7}$ ou 4 Ouvriers ; c'est-à-dire que pendant six jours, il
faudroit en employer 68 & au septiéme 72,
ou pendant 3 jours 68 & pendant 4 69.

Quelquefois la Regle devient embaras-
sante par le nombre des fractions ; les operations se multiplient ; mais c'est toujours
la même methode.

v.
Quatriéme
Exemple.

4 Ou-

4 Ouvriers font 7 mesures d'ouvrage en 11 jours, en travaillant 9 heures par jour; 10 Ouvriers combien demeureront-ils de jours, pour faire 12 mesures, en travaillant 10 heures par jour?

Je commence par la comparaison des Ouvriers & j'ai 4. 10 :: 11, ou 2. 5 :: 11. $4\frac{2}{5}$

Je reduis ce quatrième terme composé d'entier & de fraction, en une seule fraction $\frac{22}{5}$ & j'opere avec le seul Numerateur en me souvenant qu'il marque des cinquièmes. Pour 7 mesures il faut travailler $\frac{22}{5}$ jours, pour 12 mesures il faudra travailler davantage 7. 12 :: 22, $37\frac{5}{7}$.

J'ai pour 4e. terme $\frac{37}{5}$ de jours & $\frac{5}{7}$ de cinquièmes ou $\frac{5}{35}$, je reduis tout en trente-cinquièmes & au lieu de $\frac{37}{5}$ plus $\frac{5}{35}$ j'ai $\frac{259}{35}$ & $\frac{5}{35}$ & en tout $\frac{264}{35}$ de jours. J'opere encore avec le Numerateur seul, & fais la regle

10. 9 :: 264. 237. $\frac{6}{10}$.

Ces $\frac{6}{10}$ font des dixièmes de trente cinquièmes & par conséquent doivent se reduire à $\frac{6}{350}$.

Je les ajoute à $\frac{237}{35}$ que j'égale pour cet effet à $\frac{2370}{350}$ & j'ai en tout $\frac{2376}{350}$ de jours, c'est-à-dire 6 jours & $\frac{276}{350}$ d'un jour.

$\frac{276}{350}$ égalent $\frac{55}{70}$

Il faudroit que les 10 Ouvriers pour achever les douze mesures travaillassent 10 heures par jour, pendant six jours, & qu'outre cela ils travaillassent pendant $\frac{55}{70}$ du septième.

Or dans notre supposition un jour est de 10 heures de travail. Il faut donc voir à quoi montent $\frac{55}{70}$ de dix heures.

$\frac{55}{70}$ de

$\frac{1}{70}$ de 10 heures, est dix fois plus grande que $\frac{1}{70}$ d'une heure. Donc $\frac{1}{70}$ de 10 heures vaut $\frac{10}{70}$ d'une heure, ou $\frac{1}{70}$ de 10 heures vaut $\frac{1}{7}$ d'heure & par conséquent $\frac{55}{70}$ de 10 heures valent $\frac{55}{7}$ d'heure ou 8 heures à $\frac{1}{7}$ près. Le dernier jour on ne travaillera donc que 8 heures, ou si on veut travailler 10 heures, comme auparavant, il faudra moins d'Ouvriers dans la proportion de 10 à 8, c'est-à-dire qu'au lieu de 10, il n'en faudra que 8.

Tout le reste de cet Ouvrage ne contiendra que des applications de la Regle de trois. Une legere transformation a suffi pour faire imaginer de nouvelles especes de Regles à ceux qui agissent par routine & sans lumiere, ou qui cherchent à faire valoir leur art par la multitude des regles qu'il renferme.

CHAPITRE XIV.

Des differentes applications de la Regle de Trois.

REGLE D'INTERET.

VINGT donne 1, combien donneront 148? Plus : je mets donc 20. 148 : : 1. & divisant 148 par 20 j'ai pour Quotient & 4e. terme $7\frac{8}{20}$ ou $7\frac{2}{5}$.

I.
Premier Exemple.

100 donne 33, que donneront 35? Moins.

100.

$$100.\ 35::\ 33$$
$$35$$
$$\overline{165}$$
$$99$$
$$\overline{1155}\qquad\Big(11\tfrac{55}{100}=\tfrac{11}{20}$$
$$100$$
$$\overline{155}$$
$$100$$
$$\overline{55}$$

II.
Second
Exemple.
100 donnent 25 par an , que donneront 368 en 3 ans & 7 mois? Il faut tout réduire en mois, (car 3 ans & 7 mois est comme un nombre fractionné) & on aura 43 mois : 100 donnent 25 en 12 mois ; 368 combien en 43 mois? La regle de trois est composée, je cherche du revenu, je mets donc, . . 1 25

Ensuite je cherche quel changement les Capitaux feront à ce revenu & la comparaison va en croissant 100. 368 :: 25. 92

$$25$$
$$\overline{1840}$$
$$736$$
$$\overline{9200\ (92}$$

Je fais de mon 4ᵉ. terme 92 un nouvel Antecedent, . . 1 92 afin de decouvrir par une seconde regle le changement que causent les mois.

Les

Les mois font encore croître le confequent 12. 43: : 92

$$
\begin{array}{r}
92 \\
43 \\
\hline
276 \\
368 \\
\hline
3956 \\
36 \\
\hline
356 \\
24 \\
\hline
116 \\
108 \\
\hline
8.
\end{array}
\qquad \left(329 \tfrac{8}{12} = \tfrac{2}{3} \right.
$$

J'aurai pour 4. terme $329\tfrac{2}{3}$

Si l'un des termes propofés avoit des
jours il faudroit tout reduire en jours.

On promet de payer 356 écus au bout
d'un an l'interêt compris qui eft à 7 & demi par cent. Au bout de deux mois on eft
en état de s'acquitter. On demande combien on payera.

1°. 356 contient un Capital avec fon interêt d'un an. 2°. pour favoir à combien
monte le Capital feparé de fon interêt je
joins l'interêt 7 & demi avec fon Capital 100,
pour avoir 107 & demi.

3°. Je fais la regle de trois, & je dis, 107
& demi donnent 7 & demi, que donneront
356? 4°. pour executer cette Regle, je change les deux premiers termes entiers & j'ai

III.
Troifiéme
Exemple.

215. 15 : : 356 & reduifant la premiere Comparaifon à de plus petits termes j'ai 43. 3 : : 356. $25\frac{8}{43}$; 5°. j'ôte l'interêt $25\frac{8}{43}$ de 356 & il me refte 330 & $\frac{35}{43}$ pour le Capital.

6°. A ce Capital il faut ajouter l'interêt de 2. mois, c'eft la 6. partie de l'interêt d'un an, je divife donc $25\frac{8}{43}$ par 6. & j'ai pour Quotient $4\frac{1}{6}\frac{8}{258}$

Pour reduire cette derniere fraction $\frac{8}{258}$ à de plus petits termes, je change 258 en 256 & j'ai $\frac{1}{32}$, je l'ajoute avec $\frac{1}{6}$ & j'ai $\frac{7}{192}$

Il me faut donc ajouter à 330. & $\frac{35}{43}$; 4 & $\frac{7}{192}$.

Pour reduire commodément ces fractions à de plus petits termes fans changer leur valeur, je les transforme d'abord en celle-ci $\frac{31}{43}\frac{6}{192}$ que je reduis à $\frac{5}{6}\frac{1}{32}$.

Je les ajoute & j'ai la fraction $\frac{166}{192}$ & en la changeant en $\frac{165}{190}$ je la reduis en $\frac{35}{38}$, de forte que ce que j'aurois à payer fe reduiroit à 334 & $\frac{35}{38}$ à très-peu près, c'eft-à-dire un peu plus de $\frac{35}{40}$ ou de $\frac{7}{8}$.

J'ai choifi un exemple un peu compofé afin de donner lieu à plus d'exercice.

IV. Quatrième Exemple. Sɪ l'on en veut un plus facile qu'on prenne la fomme 324, qu'on fuppofe l'interêt à 8 pour 100 & que le payement fe faffe au bout de 3 mois, on trouvera que ce payement monte à 306.

V. Du change : premier Exemple. Lᴀ perte ou le profit du change fe calcule de même par la Regle de Trois, & l'arrangement des termes eft l'unique effet du fens commun & de la connoiffance qu'on a du fujet dont il s'agit.

Quand on compte à mon nom 130 à B. je ne dois recevoir que 100 à R.

On

On a compté 540

Je fais la regle

     130 540 : : 100

ou 13. 54 : : 100

       100

$$\overline{}$$

  5400 $(415\frac{5}{13}$ 13

  52   4

    200   52

    13   5

    70   65

    65

     5

& je trouve qu'on doit me compter à R. 415 $\frac{5}{13}$.

S'IL falloit que sur 100 que l'on compte à B je perdiffe $7\frac{1}{2}$ à R. & qu'on eût compté 248

1°. Je change $7\frac{1}{2}$ en $\frac{15}{2}$ & 100 en $\frac{200}{2}$.

2°. Je dis fur 200 je pers 15; par conféquent au lieu de 200, je ne retire que 185.

3°. Je reduis ces deux termes, 200 que je fais payer & 185 qu'on me paye, je les reduis à 40 & à 37, en les divifant l'un & l'autre par 5

Enfin je dis fur 40 je ne retire que 37: Que retirerai-je fur 248?

$$40 \, . \, 37 : : \quad 248$$
$$37$$
$$\overline{\hspace{2cm}}$$
$$1736$$
$$744$$
$$40 \, \bigg| \quad 9176 \, (229\tfrac{16}{40} = \tfrac{2}{5}$$
$$11$$
$$\overline{\hspace{2cm}}$$
$$36$$
$$\overline{\hspace{2cm}}$$
$$16$$

On me comptera donc à R, dans cette suppofition, $229\tfrac{2}{5}$.

REDUCTION DES ESPECES.

I.
Methode. QUAND l'une eft partie aliquote de l'autre, la reduction fe fait par la multiplication en allant d'une groffe efpece à de plus petites, & par la divifion en paffant des petites à une groffe. Nous en avons donné des exemples dans la Multiplication & dans la Divifion. Ainfi en multipliant par 3 la fomme de 54 écus, je la changerai en 162 francs & en divifant par trois la fomme de 250 francs, je la changerai en 83 écus & $\tfrac{1}{3}$. Mais quand l'une n'eft pas exactement contenuë dans l'autre, il faut 1°. leur chercher une mefure commune. Nous en avons déja marqué la Methode, 2°. voir combien de fois cette mefure fe trouve dans la petite & combien de fois dans la groffe. 3°. Cela étant fait, on a deux nombres qui marquent le rapport des deux efpeces, & dès qu'on a ce

rap-

rapport on établit aisément la Regle de trois.

SUPPOSONS un écu de 50 sols & une pistole de 225. Après avoir poussé la division, je trouve que le commun Diviseur de ces deux nombres c'est 25 : il se trouve deux fois dans le petit & neuf fois dans le grand : le rapport de l'écu à la pistole est donc de 2 à 9 & celui de la pistole à l'écu de 9 à 2.

Quand donc je veux savoir combien 728 écus valent de pistoles ; je dis, le rapport d'un écu à une pistole est celui de 2 à 9, quel sera le rapport de 728 écus ?

1°. Je comprens d'abord que le nombre des pistoles baissera sous celui des écus. 2°. Je place 728 au 3e. rang pour être le premier terme de la seconde Comparaison. 3°. Comme cette seconde Comparaison doit aller en diminuant je commence la premiere par le grand terme & j'ai

II.
Premier
Exemple.

$$9.\ 2 :: 728$$
$$2$$
$$\overline{}$$
$$1456\ \left(161\tfrac{7}{9}\right.$$
$$9$$
$$\overline{}$$
$$556$$
$$54$$
$$\overline{}$$
$$16$$
$$9$$
$$\overline{}$$
$$7$$

Je trouve pour 4e. terme 161 pistoles, & outre cela il me reste $\frac{7}{9}$ de pistole c'est-à-dire 7 fois 25 sols ou 3 écus & $\frac{1}{2}$.

N 3

Si

Si une piftole contenoit 9 écus, le rapport d'une piftole à un écu feroit celui de 9 à 1, & alors pour favoir combien 728 écus feroient de piftoles il faudroit fimplement divifer 728 par 9. en établiffant cette Regle de trois.

$$9 \;.\; 1 \;.\; 728$$

Mais parce que le rapport de la piftole à l'écu eft de 9 à 2, j'établis cette Regle.

$$9 \;.\; 2 \;:\; : 728$$

& je fais la Multiplication par 2 avant que de faire la divifion par 9.

La mefure commune de la piftole & de l'écu, la piftole la contient neuf fois & l'écu la contient 2. fois. Si donc on avoit deux tas, l'un de piftoles, l'autre d'écus; quand on prendroit neuf écus, dans celui des écus, on prendroit 18 fois la mefure commune; & quand on prendroit deux piftoles dans celui des piftoles, on prendroit auffi 18 fois la mefure commune, car on prendroit 2 fois 9 de ces mefures : ce feroit donc tout un de prendre 9 écus ou 2 piftoles; par conféquent 9 écus font 2 piftoles, & 2 piftoles font 9 écus.

Cela pofé, la Regle de trois eft toute manifefte, 9 écus font 2 piftoles, combien de piftoles feront 728 écus.

III.
Second Exemple. Sɪ je veux favoir combien 4583 piftoles valent d'écus, je dis 2 valent 9, combien vaudront 4583?

$$2, 9 \;:\; : \; 4583$$
$$9$$

$$\overline{}$$

$$41247 \quad (20123\tfrac{1}{2}$$

J'ai pour 4ᵉ. terme 20123 écus & ½.

On

ON me doit payer 180 écus de 50 sols piéce, & on me paye en piéces de 26 sols.

Le rapport de ces deux especes s'exprime par les nombres 25 & 13.

Prenez 13 écus, vous prendrez 13 fois, 25 mesures communes de ces deux especes. Prenez 25 piéces de 26 sols, vous prendrez 25 fois 13 mesures communes; or 13 fois 25 égalent precisément 25 fois 13. Donc 13 de ces écus égalent en valeur 25 de ces piéces. Je dis donc, pour 13 il m'en faut 25. Combien m'en faudra-t-il pour 180?

IV.
Troisiéme
Exemple.

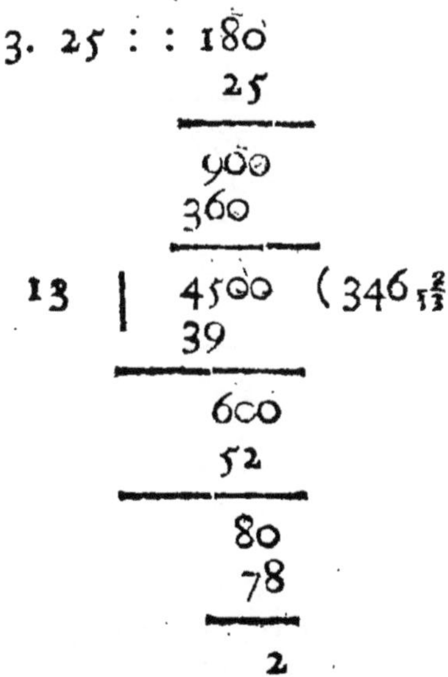

$$13. \quad 25 :: 180$$
$$25$$
$$\overline{}$$
$$900$$
$$360$$
$$\overline{}$$
$$13 \;|\; 4500 \quad (346\tfrac{2}{13}$$
$$39$$
$$\overline{}$$
$$600$$
$$52$$
$$\overline{}$$
$$80$$
$$78$$
$$\overline{}$$
$$2$$

Je vois donc qu'il me faudra 346 piéces de 26 sols & outre cela $\frac{2}{13}$ ou $\frac{4}{26}$ c'est-à-dire quatre sols.

UNE bajoire contient 75 sols & un florin en contient 8; si donc on avoit 2 tas, l'un de bajoires, & l'autre de florins, valans 8 sols; quand on prendroit dans l'un

V.
Quatriéme
Exemple.

8. bajoires on prendroit 8 fois 75 mesures communes de ces deux quantitez ; & si l'on prenoit dans l'autre 75 florins, on prendroit 75 fois 8 mesures : Or 75 fois 8 , & 8 fois 75 c'est la même chose , par consequent 8 bajoires font 75 florins & 75 florins 8 bajoires.

Je veux savoir combien 2784 florins font de bajoires ; je pose ainsi la question , 75 florins font 8 bajoires , combien 2784 florins en feront-ils ?

Je cherche des bajoires & je mets.. | 8 baj.
La comparaison va en augmentant

$$75. \; 2784 :: \; 8$$
$$8$$

$$22272$$
$$150 \qquad (296 \tfrac{72}{75}$$

$$7272$$
$$675$$

$$522$$
$$450$$

$$72$$

J'ai pour 4ᶜ. terme 296 bajoires & $\tfrac{72}{75}$ c'est-à-dire 72 sols, en sorte qu'après avoir fait 296 tas chacun d'une bajoire en valeur, il me resteroit encore 9 florins.

VI.
Reduction
des mesu-
res. La reduction des mesures n'est de même qu'une perpetuelle application de la Regle de Trois. Je vais proposer des exemples de cette Regle qui serviront de modeles generaux:

Je

JE veux favoir combien 97 toifes de P. **VII.** *Premier Exemple.*
font de toifes de L. Je fuppofe les toifes de
P. de 6 piés & celles de L. de 9.

1°. Comme ces toifes ne contiennent pas
un nombre de piés égal, je reduis tout en
piés en multipliant 97 par 6, puis qu'une
toife de P comprend 6 piés.

$$\begin{array}{r} 97 \\ 6 \\ \hline 582 \end{array}$$

2°. Je demanderai combien 582 piés de
P. font de piés de L.

3°. Suppofons que 13 pouces & $\frac{1}{4}$ de L.
faffent un pié de P.

4°. Il faut tout reduire en quarts de pou-
ces & à la place de $13\frac{1}{4}$ j'aurai $\frac{53}{4}$.

5°. La queftion fera donc, un pié de P
égale $\frac{53}{4}$ de pouce de L, combien vaudront
582 piés? Je cherche des pouces & je mets
53 à la 3e. place & je me fouviens que ce
feront des quarts.

$$\begin{array}{r} 1. \quad 582 : : 53 \\ 53 \\ \hline 1746 \\ 2910 \\ \hline 30846 \\ 28 \\ \hline 2846 \\ \hline \end{array} \quad (7711\frac{2}{4} = \frac{1}{2}$$

Comme le 4e. terme exprime des quarts,
je le diviferai par 4.

J'ai donc 582 piés de P égaux à 7711 pouces de L & $\frac{1}{2}$.

              1°. Com-

1°. Comme 1 pié contient 12 pouces, je divise   7711 ($642\frac{7}{12}$
par 12   72

511
48

31
24

7

& je trouve dans ces suppofitions que 582 piés de P en valent 642 de L & de plus 7 pouces,

6°. Je divise 642 par 9 pour avoir les toises

642 ($71\frac{3}{5}$
63

12
9

3

Je trouve que 97 toises de P valent 71 toises 3 piés 7 pouces de L.

VIII.
Second
Exemple.
DANS la même suppofition, je demande combien de lignes de P. font équivalentes à 7 lignes de L. Un pié de P. c'eft 144 lignes, 13 pouces $\frac{1}{4}$ de L égalent un pié de P, par conféquent 159 lignes de L égalent 144 lignes de P. Je forme donc la queftion, fi 159 valent 144 combien vaudront 7 ?

159.   144 : : 7

Divifant les 2 termes de la 1e. comparaifon par le Diviseur commun 3,

j'ai

$$\text{j'ai} \quad 53 \mid 48 :: 7$$
$$6 \mid 7$$
$$\overline{318} \mid \overline{336} \quad \left(6\tfrac{18}{53} \right.$$
$$318$$

Et pour 4e. terme 6 $\frac{18}{53}$ or $\frac{18}{52}$ sont équivalentes à $\frac{1}{3}$. Ainsi 7 lignes de L égalent 6 lignes $\frac{1}{3}$ de P, il ne s'en manque que la difference entre $\frac{1}{53}$ & $\frac{1}{52}$ de lignes,

IX.
Troisiéme
Exemple.

Si j'avois divisé 105 piés par 32, j'aurois pour Quotient 3 $\frac{9}{32}$ & je souhaiterois de savoir combien $\frac{9}{32}$ de piés valent de pouces.

Je sai qu'un pié vaut 12 pouces, je fais donc la question, 1 pié vaut 12 pouces, combien vaudront $\frac{9}{32}$ de pié?

Il faut reduire les deux termes en fractions de même Denominateurs, 1 pié, c'est $\frac{32}{32}$, j'ai donc $\frac{32}{32}$. $\frac{9}{32}$: : $\quad$ 12

$$9$$
$$\overline{}$$
$$108$$
$$96 \quad \left(3\tfrac{12}{32} = \tfrac{3}{8} \right.$$
$$\overline{12}$$

& je trouve que $\frac{9}{32}$ de piés équivalent à 3 pouces $\frac{3}{8}$.

Pour pousser ce détail encore plus loin, je cherche à évaluer en lignes $\frac{3}{8}$ de pouces.

Un pouce c'est 12 lignes; que seront $\frac{3}{8}$ de pouces? Pour resoudre cette question, il faut exprimer un pouce par la fraction $\frac{8}{8}$; & ensuite faire la Regle trois $\frac{8}{8}$. $\frac{3}{8}$: : 12. On aura pour 4e. terme 4 & demi.

J'ai expressément choisi un exemple un peu composé pour donner plus d'exercice.

DANS

X.
Quatriéme
Exemple.

DANS un païs la livre eſt de 18 onces, dans un autre elle eſt de 14, je demande combien 64 livres du P. feront de livres du S. 18 eſt à 14, comme 9 à 7

La P. vaut 9. La S. vaut 7. Donc pour avoir des ſommes égales, il me faut prendre 7 fois la P. & 9 fois la S.

Ainſi 7 du P en font 9 du S; & 9 du S, en font 7 du P.

Là-deſſus je dis. Si 7 font 9, que feront 64?

$$7. \quad 9 :: \quad 64$$
$$9$$
$$576 \quad (82\tfrac{2}{7} \quad 7 \quad 7$$
$$56 \qquad\qquad\quad 8 \quad 2$$
$$16 \qquad\quad 56 \quad 14$$
$$14$$
$$2$$

J'aurai pour quatriéme terme 82 livres & $\frac{2}{7}$, & comme dans le S $\frac{1}{7}$ c'eſt deux Onces, j'aurai 82 livres & 4 Onces.

Dans toutes ces operations, la Regle de trois eſt toujours uniforme, l'application que l'on en fait roule toujours ſur les mêmes principes; & la difficulté, quand il y en a, vient de ce que les choſes dont il s'agit, & ſur leſquelles roule le calcul, ne ſont pas aſſez connuës, & aſſez familieres; difficulté qui ne s'enleve pas par des Regles, mais par l'attention & l'uſage qui rend ces connoiſſances familieres.

XI.
Rapport
des Milles.

J'AI choiſi des exemples ſuppoſés pour ſervir de ſujet à exercer eux qui apprennent. En

voi-

voici de réels fur lesquels ils pourront fe donner des exemples de reductions.

Le mille ou lieuë d'Italie contient 5000 Pieds de

		Rhin.
de France	15750	
d'Angleterre	5454	
de Mofcovie	3750	
d'Ecoffe	6000	
de Suede	30000	
de Pologne	19850	
de Lithuanie	28500	
de Perfe	18750	
d'Egypte	25000	
d'Allemagne	20000 / 22500 . / 25000	
de Suiffe	26666	
de Hollande	24000	
de Flandres	20000	
de Bourgogne	18000	

XII. Rapport des pieds.

La proportion du pied *Rhenan* avec le pied Romain eft de 19 à 20.

Le Pied de Roi eft de 12 pouces.

Et celui d'Angleterre de 11 pouces 4 lignes & ½.

La proportion eft de 288 à 273

Le pied du Capitole étoit de 11 pouces.

XIII. Rapport des Aûnes.

Les Aûnes de Paris, Lyon & Rouën font à celles de Flandres & d'Allemagne, comme 7, à 12

de Londres, comme 7 à 9

d'Hollande, comme 4 à 7

aux Palmes de Genes comme 5 à 24

aux Ras de Turin & Braffes de Lucques comme, 1, à 2.

aux Barres de Caftille, comme 5 à 7

d'Ar-

d'Arragon, comme 2 à 3
de Valence, comme 10 à 13
aux Braffes de Bergame, comme de 5 à 9
de Milan, comme, de 4 à 9 en foye
ou 4 à 7 en laine
de Mantouë, Modene,
Bologne, Venife,   8 à 15
de Florence   50 à 51
d'Avignon   100 à 121
aux Cannes de Montpelier   5 à 3
de Touloufe   3 à 2

& l'aune de Paris eft de 3 pieds, 7 pouces &
8 lignes.

La Livre de Paris, auffi bien que celles
d'Amfterdam, de Befançon & de Strasbourg,
eft à celles de Touloufe, Montpelier & Avignon comme 100 à 121
à celles de Marfeille & de la Rochelle
comme 100 à 123
à celles de Genes, Milan & Piémont
comme 20 à 31
à celles de Berne, Bale, Francfort & Nu-
remberg, comme 50 à 49
à celle de Londres, comme 100 à 219
à celle de Venife, comme 200 à 331
à celle de Geneve comme 100 à 89
à celle de Lyon, comme 25 à 29
à celle de Rouën, comme 30 à 29
à celle d'Anvers, comme 20 à 21.

La Regle de Trois établira aifément toutes les autres reductions. Je veux reduire
par exemple 96 Livres de Berne, en Livres
de Milan. Je dis 1°. 50 de Paris en font
49 de Berne, combien 20 en feront-elles ?
Je trouve 19 & $\frac{3}{5}$ ou $\frac{98}{5}$ $\frac{98}{5}$ de Berne font 31

livres

lîvres de Milan ou $\frac{155}{5}$. Je dis donc, 98 font 155, que feront 96? Je trouve pour quatriéme terme. 101 & $\frac{4\frac{1}{2}}{49}$ c'eſt-à-dire 5 à $\frac{1}{49}$ près.

REGLE DE SOCIETE' SIMPLE.

Eux s'aſſocient, l'un met 32, l'autre 52, ils gagnent 64, combien revient-il à chacun? 1°. Il faut joindre les Capitaux, 2°. dire, avec 84 ſomme des Capitaux on gagne 64, combien gagnera-t-on avec 32, le premier Capital?

84. 32 : : 64 Je change 84 & 32 en 21 & 8.
21. 8 : : 64
               8
        ————————
        512 $\left(24\frac{8}{21} \right.$
         42
        ————————
         92
         84
        ————————
          8

Le premier a 24 & $\frac{8}{21}$

Pour

Pour le second, je dis 21. 13 : : 64

$$
\begin{array}{r}
64 \\
13 \\
\hline
192 \\
64 \\
\hline
832 \\
63 \\
\hline
202 \\
189 \\
\hline
13
\end{array}
\left(31\tfrac{13}{21}\right.
$$

Le second a $39\tfrac{13}{21}$ qui joints
avec — — $24\tfrac{8}{21}$ gain du premier
font — —   64   gain commun.

Regle de Societe' Composee.

I.
Premier
Exemple.
L'Un met 3 pendant 8, l'autre 2 pendant 16, le troisiéme 12 pendant 4 ans, ou 4 mois &c. Ils gagnent 100, combien chacun ? Il faut multiplier les capitaux par les tems, car 3 pendant 8, c'est comme 24 pendant 1 ; & 32 pendant 1, c'est comme 16 pendant 2, & 48 pendant 1, c'est comme 12 pendant 4.

2°. Il faut assembler les Capitaux ainsi reduits   24.   32.   48

$$
\begin{array}{r}
48 \\
32 \\
24 \\
\hline
104
\end{array}
$$

3°. Avec 104 l'on gagne 10 , combien avec 24 ?

$$104 \quad \begin{matrix} 24 \\ 32 \\ 48 \end{matrix} \left\{ 100 \right\} \qquad \begin{matrix} 26 \\ 2 \\ \hline 52 \end{matrix}$$

Je change ces nombres en 26 $\left\{ \begin{matrix} 6 \\ 8 \\ 12 \end{matrix} \right. :: 100 \left\{ \begin{matrix} 23\frac{2}{26} \\ 30\frac{20}{26} \\ 46\frac{4}{26} \end{matrix} \right.$ $\quad \begin{matrix} 26 \\ 3 \\ \hline 78 \end{matrix}$

$$\begin{matrix} 600 \\ 52 \end{matrix} \Big(23\frac{2}{26} \qquad \begin{matrix} 800 \\ 78 \end{matrix} \Big(30\frac{20}{26} \qquad \begin{matrix} 1200 \\ 104 \end{matrix} \Big(46\frac{4}{26} \qquad \begin{matrix} 26 \\ 4 \\ \hline 104 \\ 26 \\ \hline 6 \\ \hline 156 \end{matrix}$$

$$\begin{matrix} 80 \\ 78 \\ \hline 2 \end{matrix} \qquad\qquad 20 \qquad\qquad \begin{matrix} 160 \\ 156 \\ \hline 4 \end{matrix}$$

Les trois sommes reviennent à 100, c'est la preuve.

II.
Second
Exemple. DEUX s'associent , mais à condition que le premier aura 9 là où le second n'aura que 5. Ils ont gagné 168, comment doit se faire le partage? 1°. Joignons les deux gains 9 & 5 pour avoir 14; faisons 2°. la Regle de trois 14. 168 : : 9, & nous aurons le gain du premier.

Je reduis les deux premiers termes à ces deux 1 & 12, & cela étant, j'ai pour le gain du premier 108 , & pour celui du second 60.

III.
Troisiéme
Exemple. SI trois devoient partager dans la proportion de $\frac{3}{7}$ $\frac{4}{15}$ $\frac{2}{11}$.

1°. Il faudroit reduire ces fractions aux mê-

O

mêmes Denominateurs & l'on auroit $\frac{495}{1155}$ $\frac{308}{1155}$ $\frac{210}{1155}$.

2°. Faire la Regle des proportions fur les trois Numerateurs 495 308 210.

3°. Il faut ajouter ces trois fommes, & l'on aura 1013. Enfuite l'on dira, quand le gain total eft 1013, le premier doit avoir pour fa part 495, Qu'aura-t-il donc quand le gain fera de 1200 par exemple?

IV.
Quatriéme
Exemple.

Un homme pourroit ainfi ordonner que le partage de fes biens fe fit entre 4 heritiers, ou, qu'un prefent fe diftribuât entre 4 perfonnes dans la proportion d'une moitié, d'un tiers, d'un quart, d'une cinquiéme.

En reduifant ces fractions aux mêmes Denominateurs, on auroit $\frac{60}{120}$ $\frac{40}{120}$ $\frac{30}{120}$ $\frac{24}{120}$, c'eft-à-dire que le partage devroit fe faire dans la proportion des quatre Numerateurs 60. 40. 30. 24.

On peut reduire ces quatre raifons à 30. 20. 15. & 12; en ajoutant cela on a 77.

Après quoi, il n'y a plus qu'à executer la Regle de compagnie ordinaire, & dire, fi la fomme à partager eft de 77. le premier en aura 30. qu'aura-t-il, fi elle eft de 114. par exemple?

V.
Remarque.

Il y en a qui apellent cette Regle, *Regle Teftamentaire*, ou Diftributrice, mais c'eft l'effet d'un petit genie de faire autant d'efpeces que de cas. Quand une fois on a pris cette habitude fous des Maîtres ignorans, on la porte dans les Sciences, & on les embarraffe en croyant faire merveille de s'éloigner de la fimplicité; c'eft ainfi, par exemple, qu'on a rendu épineufe la Theorie des Mouvevemens, à force de la rendre beaucoup plus compofée qu'il n'étoit neceffaire.

Regle de Melange.

LA Regle de Melange n'eft encore que la Regle de Trois, précédée d'une petite preparation. Je dois livrer 72 facs de blé à 30 florins le fac, cependant je n'en ai dans mon grenier que de deux fortes, le prix de l'un eft de 24 florins, & le prix de l'autre de 40; il s'agit de favoir combien je dois prendre de chaque tas pour avoir precifément 72 facs dont chacun vaille 30 florins.

Si je prens 10 facs de celui de 24, la fomme montera à 240 & fi je prens 6 facs de celui de 40 la fomme montera encore à 240. Ainfi 16 facs de ce mêlange vaudront 480, & comme 480 contient 16 facs 30 fois, il eft vifible que chaque fac de cet affemblage vaudra 30 florins. Cela pofé, j'établis ma Regle de Trois, & je demande, pour 16 facs il m'en faut prendre 6 du tas le plus cher, combien en faudra-t-il pour 12 facs ? Plus : je cherche un confequent au nombre 6, & la comparaifon va en croiffant.

1. Suppofition qui conduit à la pratique.

```
16.   72 : :    6.     27
        6               45
      ______          ______
      432 (27          72
      32
      ______
      112
      112
      ______
      ooo
```


Et

Et pour decouvrir ce que je dois prendre dans l'autre tas , je fais une feconde
Regle   16.   72 : :   10.   45
                    10
                    ————
                    720   (45
                    64
                    ————
                    80
                    80
                    ————
                    00

Je trouve 45 , & ces 45 joints à 27 trouvés par la Regle precedente forment la fomme 72 , ce qui eft une preuve que l'operation eft jufte. On peut la juftifier encore en
multipliant 45 par 24 , puifque 24 eft le
prix de chacun des 45 facs

                    45
                    24
                    ————
                    180
                    90 ·
                    ————
                    1080

& en multipliant 27 par 40 par une fem-
blable raifon   40
                    ————
                    1080

Puis en joignant les deux produits & en
divifant leur fomme 2160 par 30, ou bien
216 par 3, le Quotient devra être 72
2160 (72   par 30 ou 216 par 3.

Car puifque 27 facs d'un côté & 45 de
l'autre valent 2160 florins , & que 2160
renferment 72 fois 30, c'eft une preuve que
                                        cha-

chacun de ces 72 facs (dont la valeur monte à 2160 florins) vaut 30 florins.

Tout depend donc de trouver d'abord un petit affemblage des deux tas, qui foit d'une valeur moyenne, telle qu'on la demande.

POUR le decouvrir on écrit 1°. le prix moyen ; 2° au deffus de ce prix moyen on place le petit ; 3°. au deffous, le grand ; 4°. on prend la difference du moyen au grand & on la place vis-à-vis du petit ; 5°. on prend de même la difference du petit au moyen, & on la place vis-à-vis du grand ; 6°. le nombre pofé vis-à-vis du petit, marque combien il faut en prendre du grand, & le nombre placé vis-à-vis du grand marque combien il en faut prendre du petit ; 7°. leurs fommes qui fe mettent vis-à-vis du moyen renferment ce nombre qu'on cherchoit pour établir la Regle de trois.

24.   10.
30.   16.
40.   6.

Il faut demontrer d'où vient que par cette methode je decouvre un nombre 16, qui multiplié par 30 donnera la même fomme que 40 multiplié par 6, & 24 multiplié par 10.

30 c'eft 24 & 6
40 c'eft 30 & 10 & par confequent 24, 6, & 10.
16 c'eft 10 & 6.

Quand je multiplie 16 par 30, je multiplie

tiplie les deux membres de 16 par les deux
de 30, & par consequent 10 & 6
par 24 & 6

60 & 36
240 & 144

Ce qui me donne quatre produits, 240.
144. 60. 36.

Quand je multiplie 24 par 10, j'ai déja le premier de ces quatre produits. Quand
je multiplie 40 par 6, j'ai les trois autres,
puis que multiplier 40 par 6, c'est multiplier par 6 les trois parties de 40, & par
consequent, multiplier 24 & 10 & 6
par 6

144. 60. 36

Cette demonstration, quoi qu'appliquée à
un exemple pour la rendre plus sensible, ne
laisse pas d'être générale.

Le prix moyen sera toujours composé de
deux parties dont l'une exprimera le petit prix, & l'autre la difference du petit au
moyen.

Le grand prix sera toujours composé, de
trois du petit prix, de sa difference avec le
moyen, & de la difference du moyen au grand.

Le prix moyen composé de deux parties
aura deux Multiplicateurs, savoir les deux
differences, cela donnera donc quatre produits.

L'une des differences multipliera le petit,
& l'autre les trois parties du grand, & par
là on aura encore quatre produits égaux
aux quatre precedens.

Il

Iʟ faut menager les prejugés des hommes, on les effarouche en les heurtant trop hardiment, le feul nom d'Algebre fait peur, & peutêtre que la maniere dont on a traité cette Science en eft en partie la caufe ; cependant je crois que l'on pourroit utilement commencer par une legere Idée d'Algebre, les demonftrations de l'Arithmetique en deviendroient d'abord plus generales & plus fimples.

J'en donnerai pour exemple la preparation de la Regle de Mêlange. J'avertis 1°. que $+$ fignifie *plus*, 2°. que $A\,B$, fignifie le nombre qui eft nommé A, multiplié par le nombre qui eft nommé B. 3°. Ce que je dis de A & de B, fera appliquable à quel nombre qu'il me plaira de fubftituer à ces lettres.

Le petit prix eft A, fa difference d'avec le moyen eft B, le moyen eft donc $A + B$.

La difference du moyen & du grand eft C, donc le grand eft

$$A + B + C$$

La fomme des differences eft $B + C$

$$
\begin{array}{ll}
A & C \\
A + B & B + C \\
A + B\,C & B
\end{array}
$$

Je dis que tout revient à la même fomme, foit que je multiplie le moyen $A + B$ par $B + C$ fomme des differences, foit que je multiplie 1°. le petit A par la difference C, & le grand $A + B + C$ par la difference B.

Dans le premier cas l'on a quatre produits.

O 4

A

$$A \dashv B$$
$$B \dashv C$$
$$\overline{}$$
$$AB \dashv BB \dashv AC \dashv BC.$$

Dans le second l'on a d'un coté A
$$\text{multiplié par} \quad C$$
$$\overline{}$$
$$AC.$$

& de l'autre $A \dashv B \dashv C$
multiplié par $\qquad\qquad B.$
$$\overline{}$$
$$AB \dashv BB \dashv BC.$$

Ce qui visiblement revient au même.

IV.
Exemple
où il y a
deux prix
qui passent
le moyen.

Petit prix	3	3 & 5, c'est-à-dire 8
Moyen	5	8 & 2 & 2 c'est-à-dire 12
Grand prix	8	2
Grand prix	10	2.

1°. Je prens du petit 3, à cause de la difference de 5 d'avec 8, 2°. 5 à cause de la difference de 5 d'avec 10, 3°. De chacun des grands je prens 2 à cause de la difference de 3 d'avec 5, 4°. J'écris en une somme qui est 12 les quatre differences $3 \dashv 5 \dashv 2 \dashv 2$. Cette somme 12 multipliée par 5, prix moyen donne 60, & c'est précisement à quoi monte le petit prix 3, multiplié par les deux differences 3 & 5, & les deux grands prix 8 & 10, multipliés chacun par

3	3	8	10	20
3	5	2	2	16
				15
9	15	16	20	9
				60

D'un côté je multiplie le moyen 5 qui vaut 3 & 2 par

3, 5, 2, 2, les quatre differences,

3, 2,

6, 10, 4, 4,

9, 15, 6, 6,

Ce qui me donne huit produits.

D'un autre côté je multiplie le petit 3, par les deux differences.

3 & 3/5

9 & 15, ce qui donne deux produits

Et le grand 8 qui vaut   3 & 3 & 2
                par   2

Ce qui donne trois produits.   6 & 6 & 4

Et le grand 10 qui vaut   5 & 3 & 2
                par   2

Ce qui donne encore trois prod.   10 & 6 & 4
& ces huit derniers font les mêmes que les huit premiers.

S'IL y avoit deux petits prix au deſſous du moyen, l'on prendroit de l'un autant que de l'autre, & deux nombres placés vis-à-vis

<table>
<tr><td>O 5</td><td>V.
Exemple où il y en a deux au deſſous.</td></tr>
</table>

du grand marqueroient combien l'on en doit prendre pour achever la somme du prix moyen   3   4.

                 5   4.

Moyen   8   16.

           12   5 & 3

Dès que je sai combien je dois prendre, soit des grands, soit des petits, pour faire 60 ou 16 par exemple, du prix moyen, la Regle de trois me decouvre combien j'en dois prendre pour quelle somme qu'il me plaira.

Un lingot d'or du poids d'une livre enfoncé dans une cuvette pleine d'eau en fait sortir 12 mesures.

Un lingot d'argent de même poids en fait sortir 20 mesures.

Un lingot partie d'argent partie d'or pesant 3 livres en fait sortir 42 mesures. On demande dans quelle proportion ces deux metaux y sont mêlez.

1°. 3 livres d'or feroient sortir 36 mesures. 3 livres d'argent en feroient sortir 60. je place donc 42 entre 36 & 60.

2°. Les differences de 36 à 42 & de 42 à 60 m'apprennent qu'il faut prendre 18 d'or contre 6 d'argent, & pour exprimer cette proportion en plus petits termes 3 contre 1.

3°. Mais comme la somme de ces differences 3 & 1 fait 4. j'ai recours à la Regle de trois, & je trouve que si pour un lingot de 4 livres il en faut une d'argent, pour un lingot de 3 livres il en faudra $\frac{3}{4}$ & si pour un lingot de 4 livres il faut 3 livres d'or, pour un lingot de 3 livres il en faudra $\frac{9}{4}$.

En

En effet une livre d'or faisant sortir 12 mesures, $\frac{1}{4}$ en fera sortir 3 & $\frac{2}{4}$ en feront sortir 9 fois plus, savoir 27. Et si une livre d'argent en fait sortir 20; $\frac{1}{4}$ de livre en fera sortir 5, & $\frac{3}{4}$ en feront sortir 15: or 15 & 27 font 42.

$$4 \cdot 3 \; 1 : 1 \cdot \tfrac{3}{4} \cdot 4 \cdot 3 : : 3 \cdot \tfrac{2}{4}$$

On ne voit presque aucun Traité d'Arithmetique, qui ne renferme les Regles de *Fausses positions*, mais comme elles ne sont d'usage que pour la simple curiosité, & que ce, dont elles ne viennent à bont que par bien des detours, peut s'executer beaucoup plus aisément avec un mediocre secours d'Algebre, je suppose que ceux qui ont assez de curiosité, de genie & de patience pour s'instruire à fonds d'une Regle difficile; & dont la demonstration est très-embarrassante, doivent avoir assez de curiosité, de genie & de patience pour s'instruire dans la source même & se former à des routes plus simples & plus naturelles. Et quant à ceux qui sont prêts à se contenter de la routine, quand même ils en ignorent les raisons, je ne me trouve pas d'humeur à contribuer à resserrer encore davantage leur genie naturellement trop borné, car rien à mon avis ne marque plus un petit genie, que de s'applaudir dans de penibles bagatelles, dont on ignore la raison. Agir sans raison, c'est agir en bête, & s'applaudir de ce que l'on ne sait que de cette maniere, c'est pousser la bêtise jusques à ne pas sentir seulement que l'on est une bête.

Par les mêmes raisons, je n'expliquerai
point

point dans ce Traité, l'extraction de la *Racine quarrée* & encore moins celle de la *Racine cube.* Combien d'Ecoliers employent des mois à apprendre ces Regles très - imparfaitement qui de toute leur vie n'ont occafion d'en faire ufage ? On s'en paffe dans le mefurage ordinaire , & ceux qui veulent poffeder à fonds la Trigonometrie la doivent puifer dans les fources. L'Algebre les ouvre avec facilité & ailleurs on ne les trouve que très-imparfaitement , expofées avec bien des longueurs & de l'obfcurité.

$$F \ I \ N.$$

CATALOGUE

DE

QUELQUES LIVRES

Qui se trouvent à Amsterdam chez
L 'HONORE' & CHATELAIN.

ATlas Historique, ou nouvelle Introduction à l'Histoire, à la Chronologie, à la Geographie Ancienne & Moderne, representée dans de nouvelles Cartes, où l'on remarque l'établissement des Etats & Empires du Monde, leur durée, leur chute, & leur different gouvernement. La Chronologie des Consuls Romains, des Papes, des Empereurs, des Rois, & des Princes, &c. qui ont été depuis le commencement du Monde jusqu'à present : & la Chronologie des Maisons Souveraines de l'Europe ; avec des Dissertations sur l'Histoire de chaque Etat par Gueudeville fol. 4. vol.

S. Augustini *Opera omnia cum appendice Augustiniana* fol. 12. vol. *editio nova à multis mendis purgata.* Antv. 1700.

Acta Eruditorum complet.

——— *mois divers.*

Antiquitez Judaiques ou remarques critiques sur la Republique des Hebreux par M. Basnage 8. 2. vol. *Amst.* 1713.

Actes de la Paix de Ryswyk 12. 5. vol. *à la Haye.*

Abregé de l'Histoire des Electeurs de Brandebourg 12. *Berlin* 1705.

(Anselme) Histoire Genealogique & Chronologique de la Maison Royale de France, fol. *Amst.* 1713.

Bocharti Opera Omnia, editio quarta prioribus multo correctior, & splendidior, procuravit Petrus de Villemandy fol. 2. vol. Lugd. Bat. 1707.

Bibliotheque Universelle des Historiens, contenant leurs Vies, l'Abregé, la Chronologie, la Geographie, & la Critique de leurs Histoires, un jugement sur leur style, & leur caractere, & le denombrement des differentes éditions de leurs Oeuvres, avec des Tables Chronologiques & Geographiques & des Cartes très-curieuses par M. Ellies du Pin 4. *Amst.* 1708.

Bibliotheque Ecclesiastique du même comp. 19. vol. 4.

Bible Françoise avec le Test. & Pseaumes 12.

——— en grand & petit papier avec les Notes de M. Martin fol. 2. vol.

——— en

———— en grand & petit papier avec les Notes de M. Def-
marets fol. 2. vol.

———— Latine & Françoife de Port-Royal fol. 3. vol. Lie-
ge 1702.

———— de Sacy très-belle impreffion traduite en François
avec l'explication du fens litteral & du fens fpirituel, tirée des SS. Peres, des Auteurs Ecclefiaftiques. *Brux.* 12.
40. vol.

Clerici (Joan) *Veteris Teftamenti Libri Hiftorici fol. Amft.*
1708.

———— *Commentarius Philologico-criticus in Pentateuchum Mofis*
fol. Amft. 1710.

———— *Opera Philofophica editio quarta auctior* 4. *vol.* 12.
Amft. 1710.

———— *Ars Critica* Ed. quarta. 3. vol. 8. Amft. 1712.

Ciceronis Opera Omnia cum notis Variorum 8. 11. vol.

———— *Orationes cum notis Variorum ex recenfione Joannis*
Georgii Gravii Amft. 1699. 8. 6. vol.

Critici facri five annotata Doctiffimorum virorum in Vetus ac
Novum Teftamentum, quibus accedunt Tractatus varii Theo-
logico-Philologici, Editio nova in novem Tomos diftributa,
Amft. 1698.

Cabinet Romain ou Recueil d'Antiquitez Romaines, qui
confiftent en bas reliefs, ftatues des Dieux, & des Hommes Sacerdotaux, Lampes, Urnes, Seaux, Braffelets,
Clefs, Anneaux & Phioles Lacrimales que l'on trouve
à Rome avec les explications de Michel Ange de la
Chauffe. fol. fig. *Amft.*

Cartes de l'Hiftoire Sainte qui renferment en abregé la
Genealogie, la Geographie & la Chronologie d. l'Hiftoire fainte en 4. feuilles gravées très-proprement.

Chriftianifme raifonnable tel qu'il nous eft reprefenté dans
l'Ecriture fainte. Traduit de l'Anglois de M. Locke.
Seconde Ed. où l'on établit le vrai & l'unique Moyen
de réunir tous les Chrétiens, malgré la difference de leurs
fentimens. On a joint à cette Ed. la *Religion des Dames.*
2 vol. 8. *Amft.* 1715.

Demonftration de l'Exiftence de Dieu par M. l'Archevê-
que de Cambrai IV. Ed. augmentée d'une Preface du
P. Tournemine 8. *Amft.* 1715.

Dictionaire François & Latin & Latin François par M. Da-
net 4. 2. vol.

Dictionaire Geographique par Baudrand 4. *Utrecht.* 1712.

Efpion dans les Cours des Princes Chrétiens quatrième é-
dit. augmentée dans le Corps de l'ouvrage & enrichie
de fig. 12. 6. vol. Colog. 1715.

Erafmi Opera Omnia emendatiora & auctiora, ad optimas edi-
tiones

CATALOGUE.

*tiones præcipue quas ipse Erasmus postremo curavit summa fi-
de,* fol. 10. *vol.* Lugd. Batav. 1703.

L'Ecole du Monde, ou les Promenades de M. le Noble
12. 4. vol. second edit. *Amst.* 1709.

L'Esprit des Cours de l'Europe complet 19. vol.

Elemens de l'Histoire de Vallemont 12. 3. vol. Nouvelle
édit. revuë & corrigée *Amst.* 1714.

Entretiens sur la Religion par M. Basnage 8. 2. vol. Rotterdam. 1711.

Entretiens sur les differentes Methodes d'expliquer l'E-
criture & de prêcher de ceux que l'on appelle Cocceiens
& Voetiens dans les Provinces-Unies 12. *Amst.* 1707.

*Fabricii Bibliotheca Græca sive notitia Scriptorum veterum Græ-
corum* 4. Hamburgi 1708,

*Felicis M. Minucii Octavius cum integris Wowceri, Elmenho-
stii, Heraldi & Rigaltii notis ex recensione Jacobi Gronovii* 8.
Lugd. Bat. 1709.

Faussetez des Vertus humaines par M. Esprit de l'Academie Françoise 2. vol. 12. *Amst.*

*Grotius (Hugo) de Veritate Religionis Christiana. Editio accuratior,
quam recensuit notulisque adjectis illustravit Joannes Clericus*
8. Amst. 1709.

Hosmanni Lexicon Universale fol. 4. *vol.* Lugd. Bat. 1698.

*Historia Augusta Imperatorum Rom. à C. Julio Cæsare usque
ad Josephum Imperatorem Augustissimum ; ex Jo. Jac.
Pet. Lotichii Tetrastichis Mnemonicis & Jo. Jac. Hosmanni
Tetrastichis, & ejusdem in hac enarrationibus Historicis. Ad-
duntur singulorum Imperatorum Effigies ære sculpto expressæ ex
nummis Christina Suecorum Regina. Additamenta necessaria
& integra omissorum supplementa adjecit Henr. Christ. Hen-
ninius.* fol. Amst. 1710.

Historia Acad. Scientiar. auctore Joan. Baptista du Hamel 4.
Lipsiæ 1701.

Histoire Genealogique, & Chronologique, de la Maison
Royale de France, le tout dressé sur les Titres originaux,
Registres des Chartres du Roi, du Parlement, de la
Chambre des Comptes & du Châtelet de Paris, Cartu-
laires d'Eglises, Manuscrits & Memoires qui sont dans
la Bibliotheque du Roi & autres, par le P. Anselme,
troisiéme édition, où l'on a ajouté plusieurs nouvelles
Cartes Genealogiques des Maisons Royales de France,
de Lorraine & de divers autres Souverains qui en sont
issus. fol. *Amst.*

—— des Provinces-Unies par Medailles. Fol. *Amst.*
1701.

—— de l'Academie Royale des Sciences avec les Memoires de Mathematique & de Physique complet.

—— la même in 4. impression de *Paris.* —— Cri-

CATALOGUE

Critique des Dogmes & des Cultes bons & mauvais qui ont été dans l'Eglise depuis Adam jufqu'à Jefus-Chrift, où l'on trouve l'origine de toutes les Idolatries de l'Ancien Paganifme, expliquées par rapport à celles des Juifs 4. *Amft.* 1704. avec le fupplément qui fert d'Apologie à cet ouvrage.

—— du Vieux & du Nouveau Teftament de Royaumont 4. *Paris* 1688.

—— des Provinces-Unies, par Médailles fol. *Amft.* 1701.

—— de l'Eglife & de l'Empire par M. le Sueur 12. *Geneve* 1688.

—— la même in 4. 8. vol. *Geneve* 1679.

—— de l'Eglife par Pictet pour fervir de fuite à cet ouvrage. *Geneve.*

—— du Concile de Conftance tirée principalement d'Auteurs qui ont affifté au Concile par Jaq. Lenfant 4. 2. vol. *Amft.* 1714.

—— de Thucydide par d'Ablancourt, nouvelle édition 2. vol. *Amft.* 1713.

Harangues de Mrs. de l'Academie Françoife prononcées dans leurs receptions 12. 2. vol. *Amft.* 1709

Imhof (Jac Wilh.) *Genealogia viginti illuftrium in Italia Familiarum in tres claffes divifa & Exegefi hiftorica perpetua illuftrata Infigniumque Iconibus exornata. Accedunt in fine de Genealogia & infignibus Familiæ Mediolano-vice-comitum Epiftolæ duæ fol.* Amft. 1710.

—— *Stemma Lufitanicum fol.* Amft. 1708.

—— *Italiæ & Hifpaniæ Genealogia fol. 2. vol.* Norimbergæ 1701.

—— *Viginti Illuftrium in Hifpania familiarum genealogia fol.* Lipfiæ 1713.

—— *Notitia S. Rom. Germanici Imperii Procerum fol.* Stutgardiæ 1699.

—— *Recherches des Grands d'Efpagne avec les Armes* 12. Amft. 1707.

l'Iliade d'Homere de la traduction & avec les remarques de Mad. Dacier 3. vol. 12. *Paris* avec de très-belles figures.

—— le même impreffion d'Hollande 12. 3. vol. *Amft.*

Introduction à l'Hiftoire des Principaux Etats de l'Europe par Puffendorf 12. 4. vol. *Amft.* 1710.

—— idem 12. petit papier imprimé à *Leyde* 1697.

Idées generales des Etudes 12. avec des Cartes *Amft.* 1713.

Philofophe de Rotterdam accufe, atteint & convaincu 12. *Amft.*

Lettres de Rabutin, Comte de Buffy 5. vol. 12. *Amft.* 1715.

FIN.